NCS

NCS기반 헤어컬러 베이직 & 인텐시브

프롤로그

훌륭한 헤어디자이너가 되기 위해 우리에게 필요한 몇 가지가 있습니다. 혹자는 창의력과 감성이 디자이너의 우선조건이라고 말하지만 추상적인 창의력과 감성만으로 훌륭한 디자이너가 될 수 없습니다. 기본을 제대로 익히고 그 기본기를 활용하여 숙련의 시간을 거친 다음 창의력과 감성이 더해질 때 좋은 헤어디자이너가 되는 것이라고 생각합니다.

현대의 미용 산업은 과거와 달리 좋은 제품과 기술, 최첨단 기계까지 더해져 잠깐만 눈을 돌려도 빠른 시대의 흐름을 쫓아가기가 매우 어렵습니다. 그러나 변하지 않는 것은 베이직입니다. 커트에는 커트의 기본형이 있고, 펌 디자인에는 그에 맞는 기본패턴이 있듯이 컬러에도 몇 가지의 변하지 않는 기본이 있습니다. 베이직이 갖춰지지 않는 기술은 모래성과 같습니다. 베이직을 바탕으로 창의력과 감성을 더해 굿 디자인을 완성하는 것입니다.

디자인의 3요소인 형태, 질감, 색 중 이미지에 크게 영향을 미치는 색은 헤어디자인에 있어 필수적이며 모든 시술에서 고려해야 하는 중요한 요소입니다. 현대의 고객은 원하는 컬러를 얼마나 정확하게 표현해줬는지에 민감합니다.

교육현장에서 많은 제자들을 양성하면서 학생들에게 기본원리를 이해시키고 이를 실제상황에 적용시킬 수 있는 능력을 키워주는 것이 가장 좋은 교육이라는 생각이 듭니다. 부디 이 작은 책자가 저자들의 바램처럼 헤어디자인 전공자들에게 도움이 되었으면 합니다.

본서를 출간하기까지 출판을 맡아 수고하여 주신 도서출판 구민사 조규백 대표님과 직원들에게 심심한 감사를 드립니다.

저자 일동

CONTENTS

CONTENTS

Chapter 1
헤어컬러링의 개요

1. 교과목 프로파일

대분류	중분류	소분류	세분류
숙박 · 여행 · 오락	이 · 미용	이 · 미용서비스	헤어미용

● 교과목명(능력단위) 기본헤어컬러 1201010109_14v2

1201010109_14v2.1 기본 헤어컬러 준비하기
1201010109_14v2.2 기본 헤어컬러 시술하기
1201010109_14v2.3 기본 헤어컬러 마무리하기

● 능력단위 정의

기본 헤어컬러란 시술 목적에 따라 염 · 탈색제를 다양한 기법으로 모발에 도포하여 모발색에 변화를 주는 능력이다.

● 교과목표

1. 헤어컬러 기본지식을 설명할 수 있다.
2. 고객이 원하는 컬러를 표현하기 위해 적합한 제품을 선정할 수 있다.
3. 색채를 이해하고 염색과 탈색 시술을 그에 맞게 시술할 수 있다.

● 교과내용

교과내용	관련 능력단위(요소)
1. 기본 헤어컬러 준비하기 1.1 피부보호를 위해 얼굴, 목, 귀 등에 보호제품을 도포할 수 있다. 1.2 고객의 옷에 염모제가 묻지 않도록 어깨보, 가운 등을 착용해 줄 수 있다. 1.3 헤어컬러 시술 전 알레르기 반응 확인을 위해 패치 테스트(patch test)를 할 수 있다. 1.4 헤어컬러 시술 전 희망색상을 확인하기 위해 스트랜드 테스트(strand test)를 할 수 있다. 1.5 모발 상태에 따라 전처리를 할 수 있다. 1.6 모발의 구성과 화학적 특성을 설명할 수 있다. 1.7 색의 속성과 대비효과, 염모제 특성을 설명할 수 있다.	1201010109_14v2.1 기본 헤어컬러 준비하기
2. 기본 헤어컬러 시술하기 2.1 산성컬러와 산화염모제를 이용하여 보색중화를 할 수 있다. 2.2 산성컬러와 산화염모제를 이용하여 컬러체인지를 할 수 있다. 2.3 시술목적에 따라 염 · 탈색제를 준비할 수 있다. 2.4 헤어컬러 시술을 위한 블로킹과 슬라이스를 할 수 있다. 2.5 원터치, 리터치, 호일워크 등의 기법으로 염 · 탈색제를 도포할 수 있다. 2.6 시술목적에 따라 도구와 기기를 사용할 수 있다. 2.7 시술 촉진을 위해 가온기나 음이온기기 등을 사용할 수 있다. 2.8 마무리 샴푸를 할 수 있다.	1201010109_14v2.2 기본 헤어컬러 시술하기
3. 기본 헤어컬러 마무리하기 3.1 피부에 묻은 염 · 탈색제를 제거할 수 있다. 3.2 모발 보호와 색의 지속성을 위해 후처리를 할 수 있다. 3.3 헤어스타일 연출제품을 사용하여 다양한 스타일로 마무리 할 수 있다. 3.4 고객에게 염색모발의 사후 손질법에 대해 설명할 수 있다.	1201010109_14v2.3 기본 헤어컬러 마무리하기

● **교육방법 :** 이론, 실습

● **선수과목 :** 샴푸

● **평가 시 고려사항**

-수행준거에 따른 지식 • 기술 • 태도의 수행 능력
-고객 서비스 태도
-주변 정리 • 정돈 상태

● **평가내용**

교과내용(대단원)	평가항목	평가방법						
		A	B	C	D	E	F	G
기본 헤어컬러 준비하기	모발의 구성과 화학적 특성을 설명할 수 있다.			✓				✓
	색의 속성과 대비효과, 염모제 특성을 설명할 수 있다.			✓				✓
	헤어컬러 시술 전 알레르기 반응 확인을 위해 패치 테스트(patch test)를 할 수 있다.			✓				✓
	고객의 옷에 염모제가 묻지 않도록 어깨보, 가운 등을 착용해 줄 수 있다.							✓
	헤어컬러 시술 전 희망색상을 확인하기 위해 스트랜드 테스트(strand test)를 할 수 있다.							✓
기본 헤어컬러 시술하기	산성컬러와 산화염모제를 이용하여 보색중화를 할 수 있다.	✓		✓				✓
	산성컬러와 산화염모제를 이용하여 컬러체인지를 할 수 있다.	✓		✓				✓
	헤어컬러에서의 보색활용에 대해 설명할 수 있다.			✓				✓
	고객상담을 통해 고객카드를 작성할 수 있다.	✓						✓
	서비스 마인드로 고객을 응대할 수 있다.							✓
	시술목적에 따라 제품을 선정하여 컬러체인지를 할 수 있다.	✓		✓				✓
	헤어컬러 시술을 위한 블로킹과 슬라이스를 할 수 있다.							✓
	원터치, 리터치 등의 기법으로 염 · 탈색제를 도포할 수 있다.							✓
	마무리 샴푸를 할 수 있다.							✓
기본 헤어컬러 마무리하기	피부에 묻은 염 · 탈색제를 제거할 수 있다.							✓
	모발 보호와 색의 지속성을 위해 후처리를 할 수 있다.							✓
	고객에게 염색모발의 사후 손질법에 대해 설명할 수 있다.			✓				✓

A. 포트폴리오 **B.** 문제해결 시나리오 **C.** 서술형 시험 **D.** 사례연구 **E.** 평가자 질문 **F.** 평가자체크리스트
G. 기타(일지 저널, 역할연기, 구두발표, 작업장평가, 기타)

대분류	중분류	소분류	세분류
숙박 · 여행 · 오락	이 · 미용	이 · 미용서비스	헤어미용

● 교과목명(능력단위) 응용헤어컬러 12010101010_14v2

1201010110_14v2.1 응용 헤어컬러 준비하기
1201010110_14v2.2 응용 헤어컬러 시술하기
1201010110_14v2.3 응용 헤어컬러 컬러체인지 시술하기
1201010110_14v2.4 응용 헤어컬러 마무리하기

● 능력단위 정의

응용 헤어 컬러란 고객의 요구, 외형적 특징, 트렌드 등을 반영하여 디자인을 설계하고, 그에 따라 염 · 탈색제를 선정 · 배합하여 다양한 기법으로 모발에 염색 또는 탈색하는 능력이다.

● 교과목표

1. 헤어컬러링을 위한 모발진단을 할 수 있다.
2. 트렌드와 고객이 원하는 이미지를 분석하여 시술할 수 있다.
3. 고객의 요구에 따른 적합한 컬러와 표현기법, 컬러제품을 적용하여 효과적인 시술을 할 수 있다.
4. 시술목적에 따라 염 · 탈색제를 다양한 기법으로 도포할 수 있다.

● 교과내용

교과내용	관련 능력단위(요소)
1. 응용헤어컬러 준비하기 1.1 컬러 트렌드와 퍼스널컬러 진단 결과에 따라 고객에게 색상을 제안할 수 있다. 1.2 고객의 요구와 모발상태에 따라 시술제품과 방법을 결정할 수 있다. 1.3 피부보호제 도포와 가운 착용으로 염 · 탈색제가 피부와 의복에 묻지 않게 할 수 있다. 1.4 알레르기 반응을 확인하기 위해 헤어컬러 시술 전 패치 테스트를 할 수 있다. 1.5 희망색상 발색정도를 확인하기 위해 헤어컬러 시술 전 스트랜드 테스트를 할 수 있다. 1.6 모발 보호를 위해 전처리를 선택하여 시술할 수 있다.	1201010110_14v2.1 응용 헤어컬러 준비하기
2. 응용 헤어컬러 시술하기 2.1 모발상태와 시술목적에 따라 염 · 탈색제를 도포할 수 있다. 2.2 가온여부와 제품 사용에 따른 작용시간을 판단할 수 있다. 2.3 디자인에 따라 투톤 이상의 헤어컬러를 시술할 수 있다. 2.4 색상의 퇴색정도를 고려하여 모발색을 보정할 수 있다. 2.5 샴푸 전 유화작업을 할 수 있다. 2.6 헤어컬러 시술유형에 따라 마무리 샴푸를 할 수 있다.	1201010110_14v2.2 응용 헤어컬러 시술하기
3. 응용 헤어컬러 컬러체인지 3.1 고객의 이전 컬러 시술 정보를 파악하기 위해 탈색으로 스트랜드 테스트를 할 수 있다. 3.2 모발 상태와 고객 요구에 따라 결정 된 염 · 탈색제품과 방법으로 시술할 수 있다. 3.3 가온여부와 사용제품의 작용시간을 판단할 수 있다. 3.4 컬러체인지를 위해 모발을 탈색할 수 있다. 3.5 샴푸 전 유화작업을 할 수 있다. 3.6 시술 유형에 따라 마무리 샴푸를 할 수 있다.	1201010110_14v2.3 응용 헤어컬러 컬러체인지 시술하기
4. 응용 헤어컬러 마무리하기 4.1 피부에 묻은 염 · 탈색제를 제거할 수 있다. 4.2 모발 보호와 색의 지속성을 위해 후처리를 할 수 있다. 4.3 헤어스타일을 마무리할 수 있다. 4.4 고객에게 사후손질법을 설명할 수 있다.	1201010110_14v2.4 응용 헤어컬러 마무리하기

- **교육방법 :** 이론, 실습
- **선수과목 :** 샴푸
- **평가 시 고려사항**
  - –수행준거에 따른 지식 • 기술 • 태도의 수행 능력
  - –고객 서비스 태도
  - –주변 정리 • 정돈 상태

- **평가내용**

교과내용 (대단원)	평가항목	평가방법						
		A	B	C	D	E	F	G
응용 헤어컬러 준비하기	컬러 트렌드와 퍼스널컬러 진단 결과에 따라 고객에게 색상을 제안할 수 있다.			✓				✓
	고객의 요구와 모발상태에 따라 시술제품과 방법을 결정할 수 있다.			✓				✓
	피부보호제 도포와 가운 착용으로 염 · 탈색제가 피부와 의복에 묻지 않게 할 수 있다.							✓
	알레르기 반응을 확인하기 위해 헤어컬러 시술 전 패치 테스트를 할 수 있다.			✓				✓
	희망색상 발색정도를 확인하기 위해 헤어컬러 시술 전 스트랜드 테스트를 할 수 있다.							✓
	모발 보호를 위해 전처리를 선택하여 시술할 수 있다.			✓				✓
응용 헤어컬러 시술하기	모발상태와 시술목적에 따라 염 · 탈색제를 도포할 수 있다.			✓				✓
	가온여부와 제품 사용에 따른 작용시간을 판단할 수 있다.			✓				✓
	디자인에 따라 투톤 이상의 헤어컬러를 시술할 수 있다.						✓	✓
	색상의 퇴색정도를 고려하여 모발색을 보정할 수 있다.						✓	✓
	헤어컬러 시술을 위한 블로킹과 슬라이스를 할 수 있다.						✓	✓
	원터치, 리터치 등의 기법으로 염 · 탈색제를 도포할 수 있다.						✓	✓
	샴푸 전 유화작업을 할 수 있다.							✓
	헤어컬러 시술유형에 따라 마무리 샴푸를 할 수 있다.							✓
응용 헤어컬러 마무리하기	고객의 이전 컬러 시술 정보를 파악하기 위해 탈색으로 스트랜드 테스트를 할 수 있다.							✓
	모발 상태와 고객 요구에 따라 결정 된 염 · 탈색제품과 방법으로 할 수 있다.							✓
	가온여부와 사용제품의 작용시간을 판단할 수 있다.							✓
	컬러체인지를 위해 모발을 탈색할 수 있다.						✓	✓
	샴푸 전 유화작업을 할 수 있다.							✓
	시술 유형에 따라 마무리 샴푸를 할 수 있다.							✓
	가온여부와 사용제품의 작용시간을 판단할 수 있다.							✓
	컬러체인지를 위해 모발을 탈색할 수 있다.							✓
	샴푸 전 유화작업을 할 수 있다.							✓
	시술 유형에 따라 마무리 샴푸를 할 수 있다.							✓

A. 포트폴리오 **B.** 문제해결 시나리오 **C.** 서술형 시험 **D.** 사례연구 **E.** 평가자 질문 **F.** 평가자체크리스트 **G.** 기타(일지 저널, 역할연기, 구두발표, 작업장평가, 기타)

2. NCS기반 강의계획서

<table>
<tr><th colspan="6">강의계획서</th></tr>
<tr><td>학습환경</td><td>헤어 실습실</td><td>학습자료</td><td>교재</td><td colspan="2">실습장비 및 도구 / 재료</td></tr>
<tr><td>교과목명
(코드)</td><td colspan="3">기본헤어컬러
1201010109_14v2</td><td colspan="2">• 거울과 의자
• 가온기, 타이머, 전자저울, 염색 볼, 브러시 등
• 다양한 종류의 모발전용 염 · 탈색제
• 비닐캡, 이어캡, 호일, 랩, 탈지면, 면봉
• 장갑, 앞치마, 염색보, 가운, 타월
• 피부보호제, 컬러리무버
• 샴푸제, 린스제 등</td></tr>
<tr><td>NCS
세분류</td><td>헤어미용</td><td>능력단위명
(코드명)</td><td colspan="3">기본헤어컬러
1201010109_14v2</td></tr>
<tr><td>인력양성
유형</td><td>헤어
디자이너</td><td>관련
자격증</td><td>미용사
(일반)</td><td>선수과목</td><td></td></tr>
<tr><td rowspan="2">교과목
설명</td><td>교과목 개요</td><td colspan="4">시술 목적에 따라 염 · 탈색제를 다양한 기법으로 모발에 도포하여 모발색에 변화를 주는 능력이다.</td></tr>
<tr><td>교육목표</td><td colspan="4">모발 생리학과 기초 색채이론 및 염색 기초이론과 실습과정을 기본으로 하여 염 · 탈색제의 활용과 시술을 할 수 있다.</td></tr>
<tr><td rowspan="2">관련 KSA</td><td>지식 (K)</td><td colspan="4">• 모발과학에 관한 지식
• 패치테스트에 관한 지식
• 스트랜드 테스트에 관한 지식
• 전처리 제품과 피부보호제의 역할과 사용법에 관한 지식
• 색채에 관한 지식
• 모발전용 염 · 탈색제의 종류별 성분과 작용원리
• 모발전용 염 · 탈색 도구 사용에 관한 지식
• 모발 길이와 상태에 따른 염 · 탈색제 도포법에 관한 지식
• 모발 상태와 시술목적에 따른 방치시간 준수에 관한 지식
• 헤어컬러 전용 리무버 사용에 관한 지식
• 후처리 제품과 시술에 관한 지식
• 헤어컬러 색상지속을 위한 기술적 지식
• 헤어스타일 연출 제품의 역할과 사용방법에 관한 지식</td></tr>
<tr><td>기술 (S)</td><td colspan="4">• 패치테스트 테크닉
• 스트랜드 테스트 테크닉
• 전처리 기술
• 피부보호제품 사용 능력
• 작업지시에 근거하여 염 · 탈색제를 배합하는 기술
• 패치테스트와 스트랜드테스트 테크닉
• 모발 길이와 상태 및 목적에 따라 염모제를 도포하는 기술
• 염색 도구와 가온기를 사용하는 기술
• 사용제에 따른 작용시간을 준수하는 능력
• 염색 시술 제품과 목적에 따라 샴푸하는 기술
• 피부와 의복에 묻은 염 · 탈색제를 지우는 기술
• 후처리 제품을 사용하는 기술
• 색상 지속력을 높이는 헤어컬러 능력
• 헤어스타일 연출 테크닉</td></tr>
</table>

태도(A)	• 고객의 안전을 살피는 신중한 태도 • 모발의 상태를 정확하게 판단하려는 의지 • 피부보호제를 섬세하게 바르려는 자세 • 두피, 얼굴, 의복 등에 염 · 탈색제가 묻지 않도록 주의하는 태도 • 작업지시사항을 준수하는 자세 • 염 · 탈색제의 정량사용으로 자원낭비와 환경오염을 최소화하려는 노력 • 신속하고 안전하게 시술하려는 의지 • 피부와 의복에 묻은 염 · 탈색제는 제거하려는 노력 • 사후 관리법을 친절하게 안내하는 자세 • 고객만족을 위해 최선을 다하는 태도

교재	구분	교재명	저자	출판사	출판년도
	주교재	헤어컬러 베이직 & 인텐시브	손지연 외	구민사	2016

수업진행 방식	이론강의	실습	발표	토론	팀 프로젝트	현장견학	코 · 티칭 등기타
	✓	✓	✓		✓		

평가방법/ 평가기준	A	B	C	D	E	F	G	출석	계(%)
	✓		✓			✓	✓	(%)	100%

평가방법 **A.** 포트폴리오 **B.** 문제해결 시나리오 **C.** 서술형 시험 **D.** 사례연구 **E.** 평가자 질문
F. 평가자체크리스트 **G.** 기타(일지 저널, 역할연기, 구두발표, 작업장평가, 기타)

수행준거 (평가내용)

1. 기본 헤어컬러 준비하기
1.1 피부보호를 위해 얼굴, 목, 귀 등에 보호제품을 도포할 수 있다.
1.2 고객의 옷에 염모제가 묻지 않도록 어깨보, 가운 등을 착용해 줄 수 있다.
1.3 헤어컬러 시술 전 알레르기 반응 확인을 위해 패치 테스트(patch test)를 할 수 있다.
1.4 헤어컬러 시술 전 희망색상을 확인하기 위해 스트랜드 테스트(strand test)를 할 수 있다.
1.5 모발 상태에 따라 전처리를 할 수 있다.
1.6 모발의 구성과 화학적 특성을 설명할 수 있다.
1.7 색의 속성과 대비효과, 염모제 특성을 설명할 수 있다.

2. 기본 헤어컬러 시술하기
2.1 산성컬러와 산화염모제를 이용하여 보색중화를 할 수 있다.
2.2 산성컬러와 산화염모제를 이용하여 컬러체인지를 할 수 있다.
2.3 시술목적에 따라 염 · 탈색제를 준비할 수 있다.
2.4 헤어컬러 시술을 위한 블로킹과 슬라이스를 할 수 있다.
2.5 원터치, 리터치, 호일워크 등의 기법으로 염 · 탈색제를 도포할 수 있다.
2.6 시술목적에 따라 도구와 기기를 사용할 수 있다.
2.7 시술 촉진을 위해 가온기나 음이온기기 등을 사용할 수 있다.
2.8 마무리 샴푸를 할 수 있다.

3. 기본 헤어컬러 마무리하기
3.1 피부에 묻은 염 · 탈색제를 제거할 수 있다.
3.2 모발 보호와 색의 지속성을 위해 후처리를 할 수 있다.
3.3 헤어스타일 연출제품을 사용하여 다양한 스타일로 마무리 할 수 있다.
3.4 고객에게 염색모발의 사후 손질법에 대해 설명할 수 있다.

<table>
<tr><th colspan="6">강의계획서</th></tr>
<tr><td>학습환경</td><td>헤어 실습실</td><td>학습자료</td><td>교재</td><td colspan="2">실습장비 및 도구 / 재료</td></tr>
<tr><td>교과목명
(코드)</td><td colspan="3">응용 헤어 컬러
12010101010_14v2</td><td colspan="2">• 거울과 의자
• 가온기, 타이머, 전자저울, 염색 볼, 브러시 등
• 다양한 종류의 모발전용 염 · 탈색제
• 비닐캡, 이어캡, 호일, 랩, 탈지면, 면봉
• 장갑, 앞치마, 염색보, 가운, 타월
• 피부보호제, 컬러리무버
• 샴푸제, 린스제 등</td></tr>
<tr><td>NCS
세분류</td><td>헤어미용</td><td>능력단위명
(코드명)</td><td colspan="3">응용 헤어 컬러
12010101010_14v2</td></tr>
<tr><td>인력양성
유형</td><td>헤어
디자이너</td><td>관련
자격증</td><td>미용사
(일반)</td><td>선수과목</td><td></td></tr>
<tr><td rowspan="2">교과목
설명</td><td>교과목 개요</td><td colspan="4">고객의 요구, 외형적 특징, 트렌드 등을 반영하여 디자인을 설계하고, 그에 따라 염 · 탈색제를 선정 · 배합하여 다양한 기법으로 모발에 염색 또는 탈색하는 능력이다.</td></tr>
<tr><td>교육목표</td><td colspan="4">모발 생리학과 기초 색채이론 및 염색 기초이론과 실습과정을 기본으로 하여 염 · 탈색제의 활용과 시술을 할 수 있다.</td></tr>
<tr><td>관련 KSA</td><td>지식 (K)</td><td colspan="4">• 모발과학에 관한 지식
• 색채에 관한 이론
• 퍼스널컬러에 관한 지식
• 염 · 탈색제의 종류와 특징 및 사용법에 관한 지식
• 모발상태와 시술목적에 적합한 시술기법에 관한 지식
• 패치테스트와 스트랜드테스트에 관한 지식
• 헤어컬러 전처리의 기술적 지식
• 피부보호제품에 관한 지식
• 염 · 탈색제의 성분, 종류, 작용에 관한 지식
• 헤어컬러 시술기법과 사용 도구에 관한 지식
• 컬러레벨과 반사빛에 관한 지식
• 헤어컬러의 색상변화요인에 관한 지식
• 희망색과 모발상태에 따른 염 · 탈색제 배합에 관한 지식
• 헤어컬러디자인 패턴에 관한 지식
• 탈염에 관한 지식
• 염 · 탈색제의 성뷴, 종류, 작용에 관한 지식
• 헤어컬러 시술기법과 사용 도구에 관한 지식
• 컬러레벨과 반사빛에 관한 지식
• 헤어컬러의 색상변화요인에 관한 지식
• 희망색과 모발상태에 따른 염 · 탈색제 배합에 관한 지식
• 헤어컬러디자인 패턴에 관한 지식
• 탈염에 관한 지식
• 헤어컬러 전용 리무버 사용에 관한 지식
• 헤어컬러 색상지속을 위한 기술적 지식
• 헤어스타일 연출 제품의 역할과 사용방법에 관한 지식</td></tr>
</table>

관련 KSA	기술 (S)	• 고객에게 어울리는 컬러를 진단하는 기술 • 가운과 염색보를 착용해주는 기술 • 패치테스트와 스트랜드테스트 하는 기술 • 피부 · 모발 보호제품을 사용하는 기술 • 모발 길이와 상태에 따른 염 · 탈색제 도포 기술 • 디자인과 희망색상에 따른 염 · 탈색제 도포 기술 • 시술도구와 가온기기 사용 기술 • 컬러 레벨과 반사 빛을 조절하는 기술 • 염 · 탈색제가 두피나 피부에 묻지 않게 도포하는 기술 • 헤어컬러 시술 후 모발 얼룩을 제거하는 기술 • 헤어컬러 시술로 인한 두피와 피부 트러블을 진정시키는 기술 • 모발 길이와 상태에 따른 염 · 탈색제 도포 기술 • 디자인과 희망색상에 따른 염 · 탈색제 도포 기술 • 시술도구와 가온기기 사용 기술 • 컬러레벨과 반사빛을 조절하는 기술 • 염 · 탈색제가 두피나 피부에 묻지 않게 도포하는 기술 • 헤어컬러 시술 후 모발 얼룩을 제거하는 능력 • 헤어컬러 시술로 인한 두피와 피부 트러블을 진정시키는 기술 • 피부와 의복에 묻은 염 · 탈색제를 지우는 기술 • 색상 지속력을 높이는 헤어컬러 기술 • 헤어스타일 연출 기술
	태도 (A)	• 고객의 요구를 충족시키는 전문가적 의지 • 피부 · 모발 보호제를 섬세하게 도포하는 태도 • 고객의 안전을 고려하는 태도 • 헤어컬러 시술 계획을 신중하게 수립하고 수행하려는 자세 • 염 · 탈색제로 인한 모발 손상을 최소화하려는 태도 • 염 · 탈색제의 정량사용으로 자원 낭비와 환경오염을 최소화하려는 노력 • 고객의 요구를 정확하게 판단하고 이해하려는 자세 • 헤어컬러 시술 계획을 신중하게 수립하고 수행하려는 자세 • 염 · 탈색제로 인한 모발 손상을 최소화하려는 태도 • 염 · 탈색제의 정량사용으로 자원 낭비와 환경오염을 최소화하려는 노력 • 고객의 요구를 정확하게 판단하고 이해하려는 자세 • 피부와 의복에 묻은 염 · 탈색제를 제거하려는 노력 • 사후 관리법을 친절하게 안내하는 자세 • 고객만족을 위해 최선을 다하는 태도

교재	구분	교재명	저자	출판사	출판년도
	주교재	헤어컬러 베이직 & 인텐시브	손지연 외	구민사	2016

수업진행 방식	이론강의	실습	발표	토론	팀 프로젝트	현장견학	코 · 티칭 등기타
	✓	✓	✓		✓		

평가방법/평가기준	A	B	C	D	E	F	G	출석	계(%)
	✓		✓			✓	✓	(%)	100%
	평가방법 **A.** 포트폴리오 **B.** 문제해결 시나리오 **C.** 서술형/논술형 시험 **D.** 사례연구 **E.** 평가자 질문 **F.** 평가자체크리스트 **G.** 기타(일지 저널, 역할연기, 구두발표, 작업장평가, 기타)								

수행준거 (평가내용)	**1. 응용 헤어컬러 준비하기** 1.1 컬러 트렌드와 퍼스널컬러 진단 결과에 따라 고객에게 색상을 제안할 수 있다. 1.2 고객의 요구와 모발상태에 따라 시술제품과 방법을 결정할 수 있다. 1.3 피부보호제 도포와 가운 착용으로 염 · 탈색제가 피부와 의복에 묻지 않게 할 수 있다. 1.4 알레르기 반응을 확인하기 위해 헤어컬러 시술 전 패치 테스트를 할 수 있다. 1.5 희망색상 발색정도를 확인하기 위해 헤어컬러 시술 전 스트랜드 테스트를 할 수 있다. 1.6 모발 보호를 위해 전처리를 선택하여 시술할 수 있다. **2. 응용 헤어컬러 시술하기** 2.1 모발상태와 시술목적에 따라 염 · 탈색제를 도포할 수 있다. 2.2 가온여부와 제품 사용에 따른 작용시간을 판단할 수 있다. 2.3 디자인에 따라 투톤 이상의 헤어컬러를 시술할 수 있다. 2.4 색상의 퇴색정도를 고려하여 모발색을 보정할 수 있다. 2.5 샴푸 전 유화작업을 할 수 있다. 2.6 헤어컬러 시술유형에 따라 마무리 샴푸를 할 수 있다. **3. 응용 헤어컬러 컬러체인지 시술하기** 3.1 고객의 이전 컬러 시술 정보를 파악하기 위해 탈색으로 스트랜드 테스트를 할 수 있다. 3.2 모발 상태와 고객 요구에 따라 결정 된 염 · 탈색제품과 방법으로 시술할 수 있다. 3.3 가온여부와 사용제품의 작용시간을 판단할 수 있다. 3.4 컬러체인지를 위해 모발을 탈색할 수 있다. 3.5 샴푸 전 유화작업을 할 수 있다. 3.6 시술 유형에 따라 마무리 샴푸를 할 수 있다. **4. 응용 헤어컬러 마무리하기** 4.1 피부에 묻은 염 · 탈색제를 제거할 수 있다. 4.2 모발 보호와 색의 지속성을 위해 후처리를 할 수 있다. 4.3 헤어스타일을 마무리할 수 있다. 4.4 고객에게 사후손질법을 설명할 수 있다.

Note

3. 주차별 수업계획서

주별 강의내용					
주차	**학습내용(단원명)**	**수업내용**	**수업방법**	**수업매체 및 자료**	**평가시기(1~4차)**
1	오리엔테이션	• 미용 산업에서 헤어컬러의 포지션 및 중요성 • 헤어디자인에서 헤어컬러의 개념과 역할 • 수업의 진행 방법 및 성적 평가 기준	강의	PPT	
2	모발생리학	• 모근부와 모간부 • 모발의 성장주기 • 멜라닌 유형 • 모발의 화학적 특성	강의 발표	교재, PPT	
3	색채의 이해	• 빛의 반사와 흡수에 따른 색채의 지각과정 • 색의 3속성 • 색의 대비효과	강의 발표 실습	교재, PPT, 컬러바인더	
4	색의 혼합과 보색 색채의 이해와	• 산성염모제 3가지 원색을 이용한 색상환 • 보색의 이해와 활용	강의 실습	교재, PPT, 컬러바인더	
5	위생관리와고객 서비스/ 염모제의 분류와 적용	• 미용실 위생과 개인의 위생관리, 시술도구 위생의 중요성 • 염모제의 기간별 분류와 적용 • 패치테스트	강의 실습	교재, PPT, 컬러바인더	
6	탈색의 작용원리에 대한 이해	• 탈색의 작용과정 • 블리치 레벨 • 시간과 산화제의 강도에 따른 탈색	강의 실습	교재, PPT, 컬러바인더	
7	산성 염모제를 활용 한 임상실기	• 산성 염모제의 특징과 시술방법 • 도포방법, 방치시간과 열처리, 샴푸 등의 테크닉 시술	강의 실습	교재, PPT, 컬러바인더	
8	기여색소에 따른 발색력 비교와 필러 의 이해	• 자연모의 레벨 이해 • 필러의 적용 원리에 대한 이해와 시술 • 염모제의 넘버링 구조와 반사빛의 이해 • 베이스 칼라에 따른 산화염모제와 산성염모제의 색상 표현력	강의 실습	교재, PPT, 컬러바인더	1차 평가 (지필)
9	보색의 이용한 컬러중화	• 산성염모제를 활용한 보색 중화	강의 실습	교재, PPT, 컬러바인더	
10	보색의 이용한 컬러중화	• 산성염모제를 활용한 보색 중화		교재, PPT, 컬러바인더	
11	염모제 이용한 컬러체인지	• 산성염모제를 이용한 컬러체인지	강의 실습	교재, PPT, 컬러바인더	
12	탈색과 염모제 이용 한 컬러체인지	• 탈색과 염모제를 이용한 컬러체인지	강의 실습	교재, PPT, 컬러바인더	2차 평가 (실습)
13	고객상담 롤 플레잉	• 상담을 통한 고객의 모발과 스타일을 분석 • 고객상담카드를 작성 • 접객의 기본태도 익히기 • 모발 샘플을 가이드로 기존 모발색과 희망 모발색의 결정	강의 실습	교재, PPT, 고객상담 카드	
14	산성염모제를 활용한 임상실습	• 산성염모제 임상 실기	강의 실습	교재, PPT	
15	총괄평가	• 고객서비스 및 상담 롤플레잉	강의 실습		

주별 강의내용					
주차	학습내용 (단원명)	수업내용	수업 방법	수업매체 및 자료	평가시기 (1~4차)
1	오리엔테이션	• 응용헤어컬러의 범위 및 내용 • 수업의 진행방법 소개 • 수업에 선행되어야 할 내용 소개 • 4가지 기본형의 특성	강의	PPT	
2	디자인 결정	• 디자인 법칙과 구상 • 헤어컬러 디자인의 다양한 방법 알아보기 • 뷰티 퍼스널 컬러	강의 발표 참여 학습	교재, PPT	
3	톤다운	• 밝은 모발에 톤다운	강의 발표 실습	교재, PPT, 컬러바인더	
4	호일워크	• 하이라이트 위빙 호일워크	강의 실습	교재, PPT, 컬러바인더	
5	호일워크	• 로우라이트 슬라이스 호일워크	강의 실습	교재, PPT, 컬러바인더	
6	흰머리 호일워크	• 흰머리 발생요인 • 흰머리 염색의 종류 • 로우라이트를 이용한 흰머리 절감 호일워크	강의 실습	교재, PPT, 컬러바인더	
7	흰머리 패션컬러/ 하이라이트	• 흰머리 패션 컬러 • 하이라이트	강의 실습	교재, PPT, 컬러바인더	
8	임상실습	• 신생부 리터치/ 자외선으로 퇴색된 모발을 가진 모델 임상 • 신생부 리터치/ 극손상모, 톤다운을 희망하는 모델 임상	세미나 실습	교재, PPT, 컬러바인더	1차 평가 (지필)
9	임상실습	• 블랙빼기	세미나 실습	교재, PPT, 컬러바인더	
10	임상실습	• 기염부 수정 테크닉	세미나 실습	교재, PPT, 컬러바인더	
11	임상실습	• 컬러체인지	세미나 실습	교재, PPT, 컬러바인더	
12	임상실습	• 산성염모제 임상	세미나 실습	교재, PPT, 컬러바인더	2차 평가 (실습)
13	임상실습	• 다양한 도구를 활용한 컬러 디자인 실습	세미나 실습	교재, PPT, 고객상담 카드	
14	임상실습	• 다양한 도구를 활용한 컬러 디자인 실습		교재, PPT	
15	총괄평가	• 고객서비스 및 상담 롤플레잉 • 임상실습	강의 실습		

4. 학생 자가 진단서

〈학습 전 · 후〉

1201010109_14v2	기본 헤어 컬러

진단영역	진단문항	매우 미흡	미흡	보통	우수	매우 우수
기본 헤어컬러 준비하기	1. 나는 피부보호를 위해 얼굴, 목, 귀 등에 보호제품을 도포할 수 있다.	①	②	③	④	⑤
	2. 나는 고객의 옷에 염모제가 묻지 않도록 어깨보, 가운 등을 착용해 줄 수 있다.	①	②	③	④	⑤
	3. 나는 헤어컬러 시술 전 알레르기 반응 확인을 위해 패치 테스트(patch test)를 할 수 있다	①	②	③	④	⑤
	4. 나는 헤어컬러 시술 전 희망색상을 확인하기 위해 스트랜드 테스트(strand test)를 할 수 있다.	①	②	③	④	⑤
	5. 나는 모발 상태에 따라 전처리를 할 수 있다.	①	②	③	④	⑤
기본 헤어컬러 시술하기	1. 나는 시술목적에 따라 염 · 탈색제를 준비할 수 있다.	①	②	③	④	⑤
	2. 나는 헤어컬러 시술을 위한 블로킹과 슬라이스를 할 수 있다.	①	②	③	④	⑤
	3. 나는 원터치, 리터치, 호일워크 등의 기법으로 염 · 탈색제를 도포할 수 있다.	①	②	③	④	⑤
	4. 나는 시술목적에 따라 도구와 기기를 사용할 수 있다.	①	②	③	④	⑤
	5. 나는 시술 촉진을 위해 가온기나 음이온기기 등을 사용할 수 있다.	①	②	③	④	⑤
	6. 나는 마무리 샴푸를 할 수 있다.	①	②	③	④	⑤
기본 헤어컬러 마무리하기	1. 나는 피부에 묻은 염 · 탈색제를 제거할 수 있다.	①	②	③	④	⑤
	2. 나는 모발 보호와 색의 지속성을 위해 후처리를 할 수 있다.	①	②	③	④	⑤
	3. 나는 헤어스타일 연출제품을 사용하여 다양한 스타일로 마무리 할 수 있다.	①	②	③	④	⑤
	4. 나는 고객에게 염색모발의 사후 손질법에 대해 설명할 수 있다.	①	②	③	④	⑤

〈진단결과〉

진단영역	문항 수	점 수	점수 ÷ 문항 수
기본 헤어컬러 준비하기	5		
기본 헤어컬러 시술하기	6		
기본 헤어컬러 마무리하기	4		
합계 문항수	15		

◈ 자신의 점수를 문항 수로 나눈 값이 '3점'이하에 해당하는 영역은 업무를 성공적으로 수행하는데 요구는 능력이 부족한 것으로 교육훈련이나 개인학습을 통한 개발이 필요함.

1201010109_14v2	응용 헤어 컬러

진단영역	진단문항	매우 미흡	미흡	보통	우수	매우 우수
응용 헤어컬러 준비하기	1. 나는 컬러 트렌드와 퍼스널컬러 진단 결과에 따라 고객에게 색상을 제안할 수 있다.	①	②	③	④	⑤
	2. 나는 고객의 요구와 모발상태에 따라 시술제품과 방법을 결정할 수 있다.	①	②	③	④	⑤
	3. 나는 피부보호제 도포와 가운 착용으로 염 · 탈색제가 피부와 의복에 묻지 않게 할 수 있다.	①	②	③	④	⑤
	4. 나는 알레르기 반응을 확인하기 위해 헤어컬러 시술 전 패치 테스트를 할 수 있다.	①	②	③	④	⑤
	5. 나는 희망색상 발색정도를 확인하기 위해 헤어컬러 시술 전 스트랜드 테스트를 할 수 있다.	①	②	③	④	⑤
	6. 나는 모발 보호를 위해 전처리를 선택하여 시술할 수 있다.	①	②	③	④	⑤
응용 헤어컬러 시술하기	1. 나는 모발상태와 시술목적에 따라 염 · 탈색제를 도포할 수 있다.	①	②	③	④	⑤
	2. 나는 가온여부와 제품 사용에 따른 작용시간을 판단할 수 있다.	①	②	③	④	⑤
	3. 나는 디자인에 따라 투톤 이상의 헤어컬러를 시술할 수 있다.	①	②	③	④	⑤
	4. 나는 색상의 퇴색정도를 고려하여 모발색을 보정할 수 있다.	①	②	③	④	⑤
	5. 나는 샴푸 전 유화작업을 할 수 있다.	①	②	③	④	⑤
	6. 나는 헤어컬러 시술유형에 따라 마무리 샴푸를 할 수 있다.	①	②	③	④	⑤
응용 헤어컬러 컬러체인지 시술하기	1. 나는 고객의 이전 컬러 시술 정보를 파악하기 위해 탈색으로 스트랜드 테스트를 할 수 있다.	①	②	③	④	⑤
	2. 나는 모발 상태와 고객 요구에 따라 결정 된 염 · 탈색제품과 방법으로 시술할 수 있다.	①	②	③	④	⑤
	3. 나는 가온여부와 사용제품의 작용시간을 판단할 수 있다.	①	②	③	④	⑤
	4. 나는 컬러체인지를 위해 모발을 탈색할 수 있다.	①	②	③	④	⑤
응용 헤어컬러 마무리하기	1. 나는 모발상태와 시술목적에 따라 염 · 탈색제를 도포할 수 있다.	①	②	③	④	⑤
	2. 나는 가온여부와 제품 사용에 따른 작용시간을 판단할 수 있다.	①	②	③	④	⑤
	3. 나는 디자인에 따라 투톤 이상의 헤어컬러를 시술할 수 있다.	①	②	③	④	⑤
	4. 나는 색상의 퇴색정도를 고려하여 모발색을 보정할 수 있다.	①	②	③	④	⑤

〈진단결과〉

진단영역	문항 수	점 수	점수 ÷ 문항 수
응용 헤어컬러 준비하기	6		
응용 헤어컬러 시술하기	6		
응용 헤어컬러 컬러체인지 시술하기	6		
응용 헤어컬러 마무리하기	4		
합계 문항수	22		

◈ 자신의 점수를 문항 수로 나눈 값이 '3점'이하에 해당하는 영역은 업무를 성공적으로 수행하는데 요구는 능력이 부족한 것으로 교육훈련이나 개인학습을 통한 개발이 필요함.

Chapter 2.

헤어컬러링의 개요

1 헤어컬러의 역사

학습목표

1. 헤어컬러의 역사를 설명할 수 있다.
2. 헤어디자인의 3요소를 이해하고 설명할 수 있다.
3. 헤어커트의 기본형과 헤어컬러디자인의 상호작용을 이해하고 설명할 수 있다.

헤어컬러는 일반적으로 모발의 자연적인 색을 인위적으로 제거하고 화학물질인 인공색소를 고착 · 착색시키는 것을 의미한다.

모발 염색의 기원은 천연식물이나 광물질을 이용해 모발에 염색을 행한 기원전 3000년경으로, 고대 이집트에서 선인장의 열매, 헤나 등을 사용하였다. 기록에 의하면 로마인은 가장 다양한 머리 색상을 사용한 것으로 전해진다. 우리나라의 헤어컬러는 흰머리를 커버하는 것에 불과했지만 90년대 아이돌의 등장으로 컬러의 다양성이 본격화 되었다. 또한 유럽시장의 개방으로 인해 탈색, 케어 제품, 염색, 헤나 등 다양한 제품들이 등장하였다.

21세기 건강한 삶을 추구하는 새로운 트랜드인 '웰빙문화'가 생기면서 천연제품들도 많아졌다. 감성 정보화 시대에는 개인의 삶의 질을 중요시하며 다양한 정보의 수집으로 고객들의 성향이 많이 세련되어지고 다양해졌다. 따라서 디자이너는 고객에게 새로운 것을 지속적으로 제시하고 충족시킬 수 있어야 한다. 헤어컬러는 무한한 창의성을 발휘할 수 있는 매우 창조적이며 부가가치를 높일 수 있는 서비스이다.

2 헤어디자인 요소

헤어디자인은 3가지 기본요소인 형태, 질감, 컬러로 이루어지며 각각 개별적으로 분석이 가능하다. 어떤 물체의 형태, 모양, 그리고 질감은 빛의 방향과 유형에 따라 보여지는 것이다. 디자인을 분석하고 계획할 때 이들 각 요소들을 시각적으로 구별하는 것이 중요하다.

형태 (윤곽선)

질감 (표면의 성격)

컬러 (빛의 반영, 크기, 깊이)

형태가 확장 또는 축소되어 보이거나, 컬러가 밝거나 어둡거나, 질감이 웨이브나 스트레이트로 변화할 때 시선은 그 길이나 방향으로 움직인다. 디자인을 계획하는데 있어 이러한 움직임이 중요하다.

3 헤어커트의 기본형과 헤어컬러의 역할

헤어디자인의 기초는 조형이다. 커트의 형태가 결정되면 헤어디자이너는 다른 디자인 요소들을 사용하여 디자인이 돋보이게 할 수 있다.

각 형태들은 각각의 길이 배열과 표면의 질감을 갖고 있으므로 이러한 점들을 고려하여 컬러디자인을 계획하고 시술하여야 한다.

1. 솔리드형 *Solid Form*

솔리드 형태는 자연시술각 또는 0°로 동일한 선에 맞추어 커트하는 것이다. 따라서 네이프에서 탑 쪽으로 길이가 증가되어 탑 부분은 두상의 곡면을 따라 둥근 모양을 이루며 아래쪽은 무게감이 형성된다. 원렝스(One-length)커트라고도 불린다.

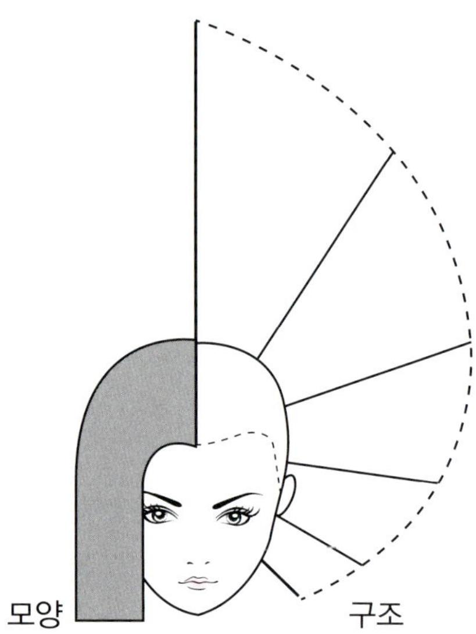

2. 그래쥬에이션형 *Graduation Form*

그래쥬에이션 형태는 1°~ 89°의 시술각을 이용하며 낮은, 중간, 높은 시술각으로 분류된다. 네이프에서 탑 쪽으로 길이가 증가하고, 솔리드와는 달리 자연 시술각 상태에서 볼 때 모발 끝이 쌓여서 하나의 각을 이룬다. 시술각의 변화에 따라 무게의 위치가 달라진다.

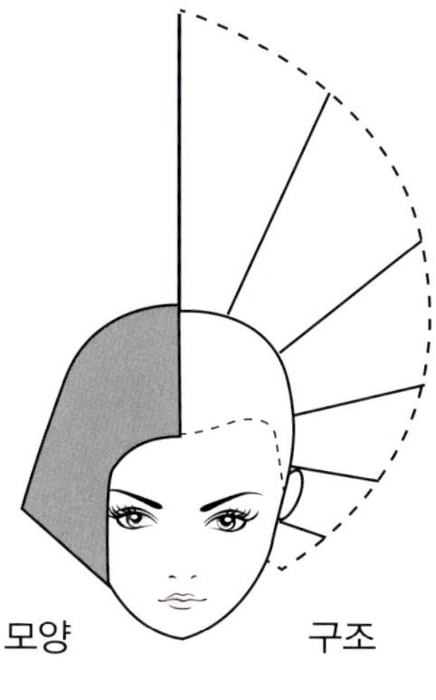

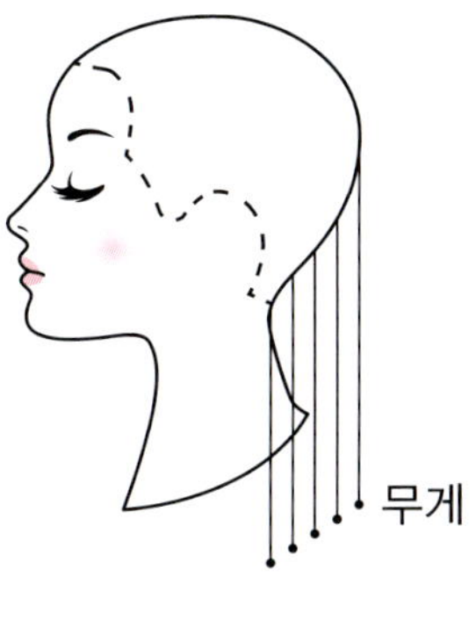

3. 인크리스 레이어형 *Increase-Layer Form*

인크리스 레이어 형태는 90°이상의 시술각을 이용하며 전체적으로 무게가 형성되지 않고 가벼워 보인다. 탑의 머리가 네이프로 갈수록 길어지므로 길이를 유지하면서도 볼륨을 원하는 고객에게 적용할 수 있는 스타일이다. 롱 레이어, 아웃레이어라고도 한다.

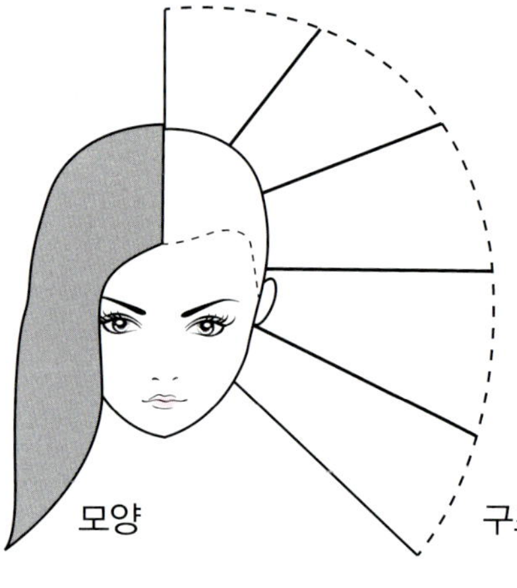

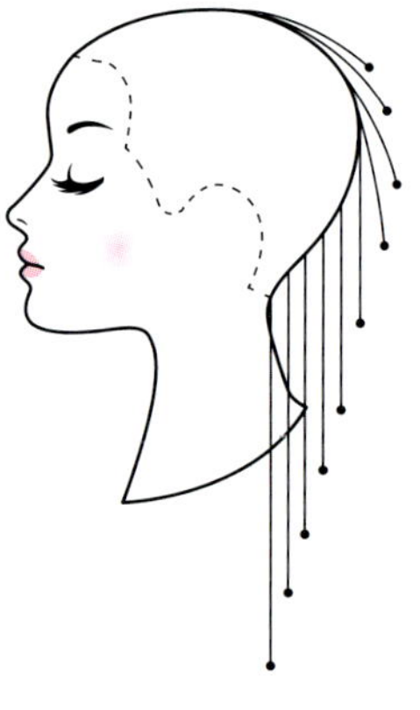

4. 유니폼 레이어형 *Uniform Layer Form*

유니폼 레이어 형태는 두상에서 90°시술각을 사용하여 모든 길이가 동일하며, 전체적으로 층이 있고 거친 질감을 이룬다. 베이직 레이어, 세임 레이어라고도 한다.

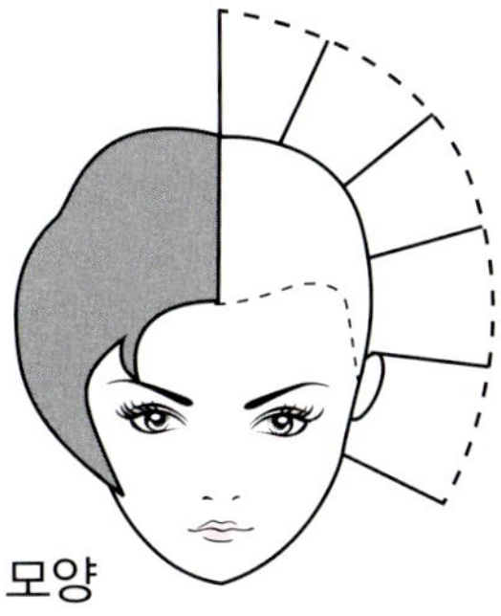

모양

구조

헤어컬러디자인을 계획할 때는 장식적인 요소와 심리적인 요소를 고려한다. 개인의 내적 취향을 외적으로 표현하여 미적인 욕구를 충족시켜주고 심리적인 안정과 만족감을 줄 수 있기 때문이다. 또한 개인의 신체적인 조건과 라이프 스타일을 고려하여 디자인을 구상해야 한다.

헤어컬러는 형태내의 무게감을 강조하거나 감소시켜 시선을 집중 또는 분산시키며 층이 많은 모발에 방향감, 움직임을 강조한다.

Note

Ⅱ. 모발의 이해

1 모발의 정의와 기능

학습목표

1. 모근부와 모간부를 정의하고 각각의 구성에 대해 설명할 수 있다.
2. 모발의 성장주기에 대해 설명할 수 있다.
3. 멜라닌의 유형과 모발의 화학적 특성을 설명할 수 있다.
4. 모발의 화학적 특성을 설명할 수 있다.

사람의 신체를 보호하는 털을 모발(hair)라고 한다. 모발은 인간의 미적 욕구를 충족시켜줄 수 있는 장식적 기능과 함께 머리를 따뜻하게 유지하고 충격에 대해 완충작용을 하며 자외선으로부터 피부를 보호하는 역할을 한다. 뿐만 아니라 중금속을 체외로 배출하는 기능도 가지고 있다.

모발은 손바닥, 발바닥, 입술, 유두를 제외한 전신에 있는 피부의 각질층이 변화해서 생긴 피부의 부속기관으로 섬유성 단백질(keratin)로 구성된 죽은 세포이다.

모발의 기능

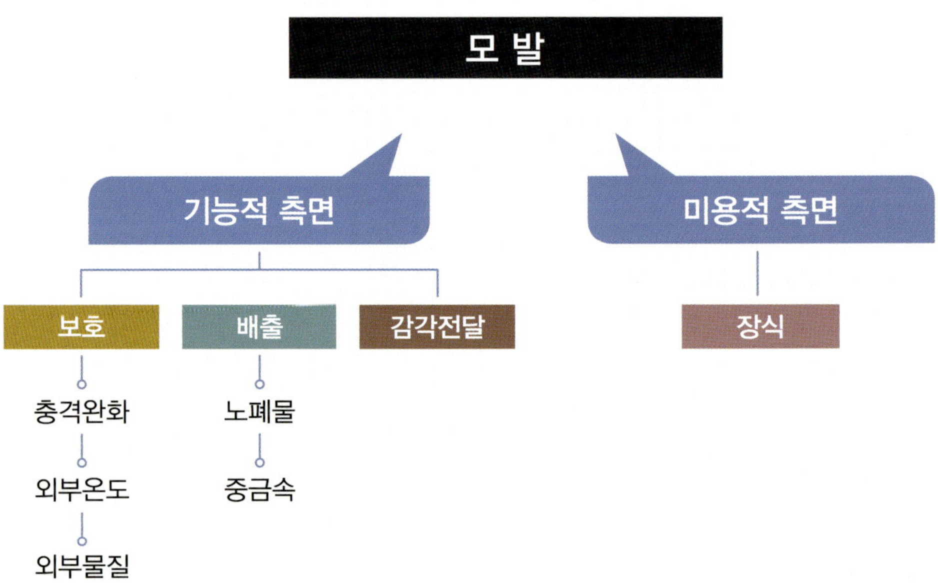

2 모발의 구조

모발은 피부 안쪽의 눈에 보이지 않는 모근과 피부 바깥쪽인 모간으로 이루어져있다.

모발의 구조

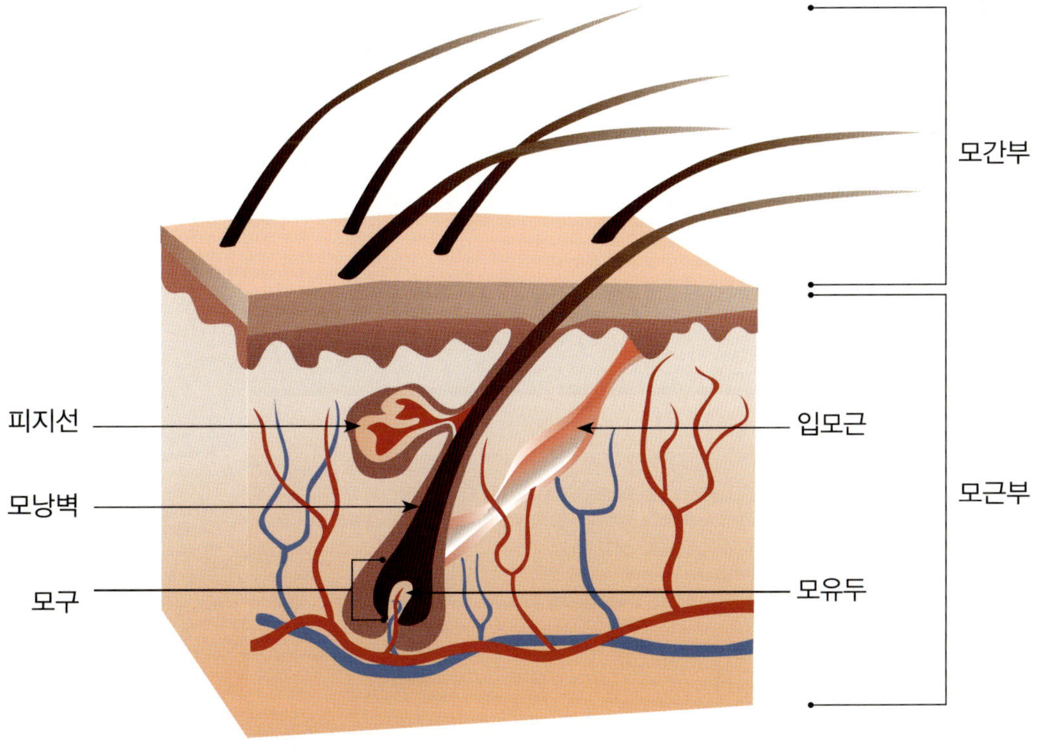

1. 모근부 *Hair Root*

모근부는 두피 아래 위치하며 피지선, 입모근, 한선, 모유두, 모모세포, 모낭, 모구, 모세혈관으로 구성되어 있다.

1) 피지선 *Sebaceous gland*

손 · 발바닥을 제외한 전신에 분포하는 피지선은 모낭의 벽을 따라 피부 표면으로 피지를 분비하여 피부를 매끄럽게 해준다. 1일 평균 1~2g정도 분비되고 땀과 함께 피부에 막을 형성하여 외부로부터 신체를 보호한다.

2) 입모근 *Arrector pili muscle*

모근 하부 1/3지점에 위치하며 춥거나 겁에 질렸을 때 모낭을 수축시켜 모발을 곧바로 세우고 소름이 돋게 하는 근육이다. 입모근의 수축은 체온손실을 막아주지만 잦은 수축은 피지분비를 촉진한다.

3) 한선 *Sweat gland*

입술이나 고막 등을 제외한 전신에 분포되어 있는 한선은 땀을 분비한다. 한선은 소한선과 대한선으로 나뉜다. 소한선은 몸 전체에 분포되어 있으며 땀을 분비하는 땀샘으로서 모공과 분리된 독립적인 한선이다. 대한선은 모낭에 부착된 나선형의 구조로서 겨드랑이, 생식기 주변, 유두주위 등에 분포되어 있으며 성 호르몬의 영향을 받는다.

4) 모유두 *Hair papilla*

모유두는 유두돌기로서 돌출된 모양을 하고 있으며, 움푹 들어간 모구와 맞물려져 있다. 모유두는 모세혈관으로부터 산소와 영양을 공급받아 모모세포를 생성하여 모발을 만들어내는 부분이다. 모유두가 건강하고 영양공급이 풍부하게 이루어져야 새로운 모발을 만들 수 있는데 모유두의 수는 보통 태어날 때부터 결정된다.

5) 모모세포 *Hair matrix*

모발을 구성하는 세포로 모유두의 모세혈관에서 영양분과 산소를 공급받아 왕성한 세포분열과 증식을 반복하는 모발생성의 최종단계이다. 모모세포는 케라티노사이트(keratinocyte)와 멜라노사이트(melanocyte)로 구성되어 있다.

6) 모낭 *Hair follicle*

태아 9~12주에 모낭이 발생되어 12~14주에 모발이 성장한다. 모낭 세포구조는 결합조직성(내피, 외피), 상피성(내모근초, 외모근초)으로 구성되어 있다.

7) 모구 *Hair bulb*

모근 아랫부분에 둥근 모양을 하고 있다. 모유두와 모모세포로 이루어져 있으며 모발을 생성하게 된다.

8) 모세혈관 *Capillaries*

소동맥과 소정맥을 연결하는 그물 모양의 가는 혈관이다. 모세혈관을 통해 혈액 순환과 조직 사이의 산소와 영양분을 공급하고 노폐물이 배출된다.

2. 모간부

모간부의 구조

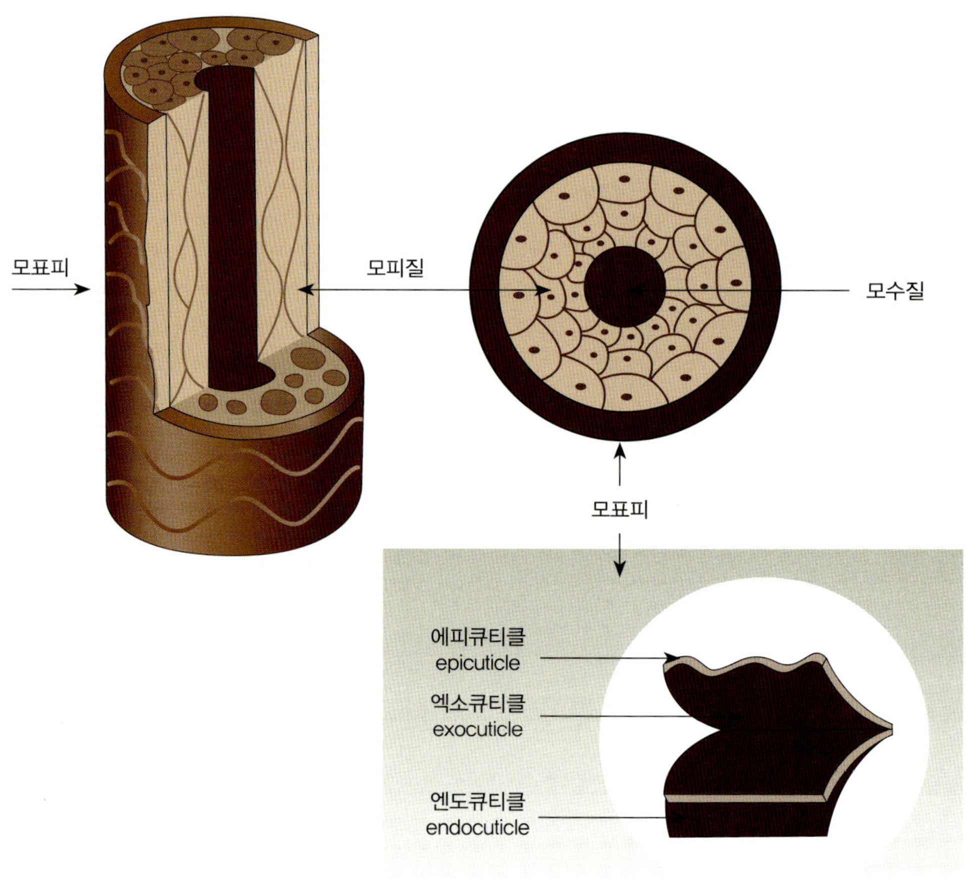
모표피
모피질
모수질
모표피
에피큐티클
epicuticle
엑소큐티클
exocuticle
엔도큐티클
endocuticle

1) 모표피 *Cuticle*

모발의 가장 바깥층으로 케라틴이라는 경단백질로 구성되어 있으며, 기름과 친화력이 강한 친유성으로 물과 약제의 침투와 작용에 대한 저항력이 있고 외적인 영향으로부터 피질을 보호하고 있다. 멜라닌 색소가 없이 반투명하며 모발전체의 10~15%를 차지하고 딱딱하고 편평한 모양의 무핵세포로 비늘모양처럼 겹쳐져 있다. 모표피의 겹쳐진 정도에 따라 모발의 연도와 경도가 달라진다.

■ 구성 형태

- **에피큐티클(Epicuticle) :** 모표피의 가장 바깥층으로 단백질 결합이 견고하므로 화학약품에 대한 저항이 강한 층이다. 알칼리에 강하고 친유성이다.
- **엑소큐티클(Exocuticle) :** 염모제, 펌제 등 약품의 작용을 받기 쉽다.
- **엔도큐티클(Endocuticle) :** 가장 안쪽에 있는 층으로 알칼리에 약하며 친수성이다.

2) 모피질 *Cortex*

모발의 85~90%를 차지하고 있으며 모수질과 모표피 사이에 섬유 모양으로 되어 있다. 모피질의 주성분은 피질세포와 세포간의 결합물질인 간충물질로 이루어져 있으며 모발의 강도, 탄력, 질감, 모발의 색을 결정하는 멜라닌(melanin)이 존재한다.

(1) 멜라닌 색소의 형성

인종에 따라 눈동자, 피부 및 모발의 색이 다른 이유는 멜라닌을 만드는 멜라닌 형성세포(melanocytes)가 다른 유형으로 나뉘어 인종별, 개인별로 다양한 색을 가지게 되기 때문이다. 피부의 색을 결정하는 멜라노사이트는 표피 기저층에 주로 분포하고, 모발의 경우에는 모구의 모모세포 주위에 분포하여 모발의 색을 결정한다. 모발 색상을 결정하는 멜라닌의 유형은 유멜라닌(eumelanin)과 페오멜라닌(pheo melanin) 두 가지 유형으로 나뉜다. 또한 멜라닌은 자외선, 고열, 외부자극이나 충격에 의해 파괴될 수 있다.

피부의 멜라노사이트 분포

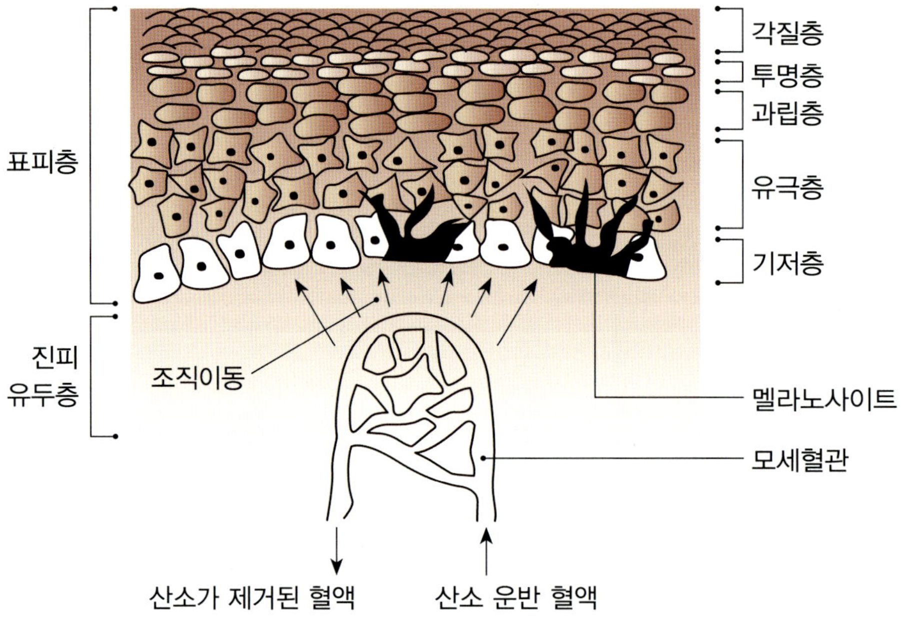

멜라닌 과립의 형성

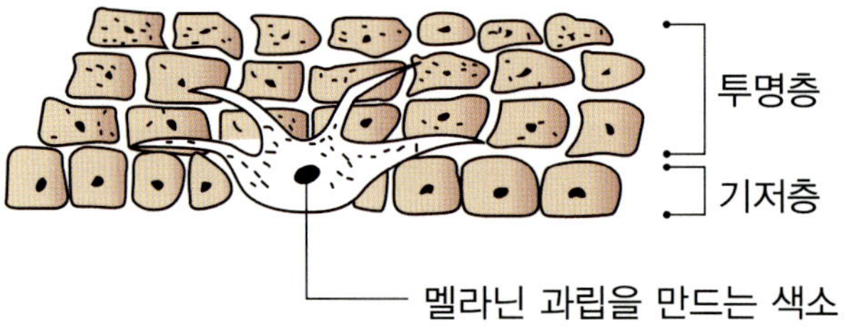

(2) 멜라닌 색소의 종류

■ **입자형 멜라닌 색소** ***Eumelanin***

갈색이나 검은색을 나타내는 과립형 색소로 짙은 모발색을 지닌 황인종이나 흑인종의 피부나 모발에 많이 분포되어 있다. 유멜라닌이 크고 많을수록 모발의 색은 어두워진다. 염색이나 퍼머등의 화학처리를 할 경우 가장 먼저 색상이 산화되어 모발의 색에 영향을 미치며, 주로 동양인에게 많이 분포되어 있다.

■ **분사형 멜라닌 색소** ***Pheomelanin***

빨간색이나 노란색의 밝은 모발색을 결정하는 분사형 색소로 형태가 아주 작고 모발 전체에 퍼져 있으며 서양인들의 피부나 모발에 많이 분포되어 있다. 색소미립자의 크기는 유멜라닌에 비해 작고 미세한 입자로 화학처리 시에도 잘 깨어지지 않는다.

3) 모수질 *Medulla*

모발 중심에 자리하고 있으며 공기를 포함한 벌집모양의 다각형 세포이다. 모발의 굵기에 따라 존재의 유무가 달라지며 공기를 포함한 0.09mm 굵기 이상의 모발에 존재한다. 동물의 털에서 많이 볼 수 있는데 이는 보온의 기능을 하는 것으로 알려져 있다.

3 모발의 구성

모발은 80~90%의 케라틴이라는 각화된 경단백질을 주성분으로 멜라닌 색소, 지질, 수분과 미량의 원소로 구성되어 있다.

1) 케라틴 단백질 *Keratin Protein*

케라틴 단백질은 약 19가지의 아미노산으로 구성되어 있다.

아미노산은 탄소(약50%), 산소(약22%) 질소(약17%), 수소(약6%), 황(약5%)등의 원소들로 배열되어진 큰 분자로 구성되어 있다.

모발에 함유된 아미노산 조성 비율

아미노산의 종류		함유량(%)
산성 아미노산	아스파라긴산	5.6~6.5%
	글루타민산	14.3~15.5%
	시스테인산	소량
중성 아미노산	알라닌	2.8~3.5%
	글리신	3.3~3.5%
	이소로이신	2.3~2.5%
	로이신	6.4~6.9%
	메티오닌	0.5~0.9%
	시스틴	14.0~16.5%
	페닐알라닌	2.2~2.8%
	프롤린	7.0~7.8%
	세린	9.6~10.8%
	트레오닌	6.5~7.5%
	트립토판	0.8~1%
	티로신	2.1~2.7%
	바린	5.0~5.8%
염기성 아미노산	알기닌	8.8~9.6%
	히스티딘	0.8~1.1%
	리신	2.6~3.1%

2) 멜라닌 색소

멜라닌 색소는 모모세포 상부에 존재하는 색소형성세포인 멜라노사이트에 있는 아미노산의 일종인 티로신(Tyrosine)이 티로시나아제(Tyrosinase)라는 효소의 산화, 중합 반응을 거쳐 도파(dihydroxyphenylalanine=DOPA), 도파퀴논(Dopaquinone)이 되어 최종적으로 유멜라닌 색소를 형성한다. 이렇게 형성된 멜라닌 과립은 모모세포 층으로 방출되어 모발이 각화되기 전에 모피질 내로 들어가 모발색을 형성하고 모발의 성장과 함께 차츰 상부로 이동하여 피부색과 같이 모발의 색을 나타낸다. 페오멜라닌은 처음에는 유멜라닌과 같은 작용으로 시작되지만 도파퀴논에서 그 반응이 시스테인 도파쪽과 활성화 되면서 생성된다.

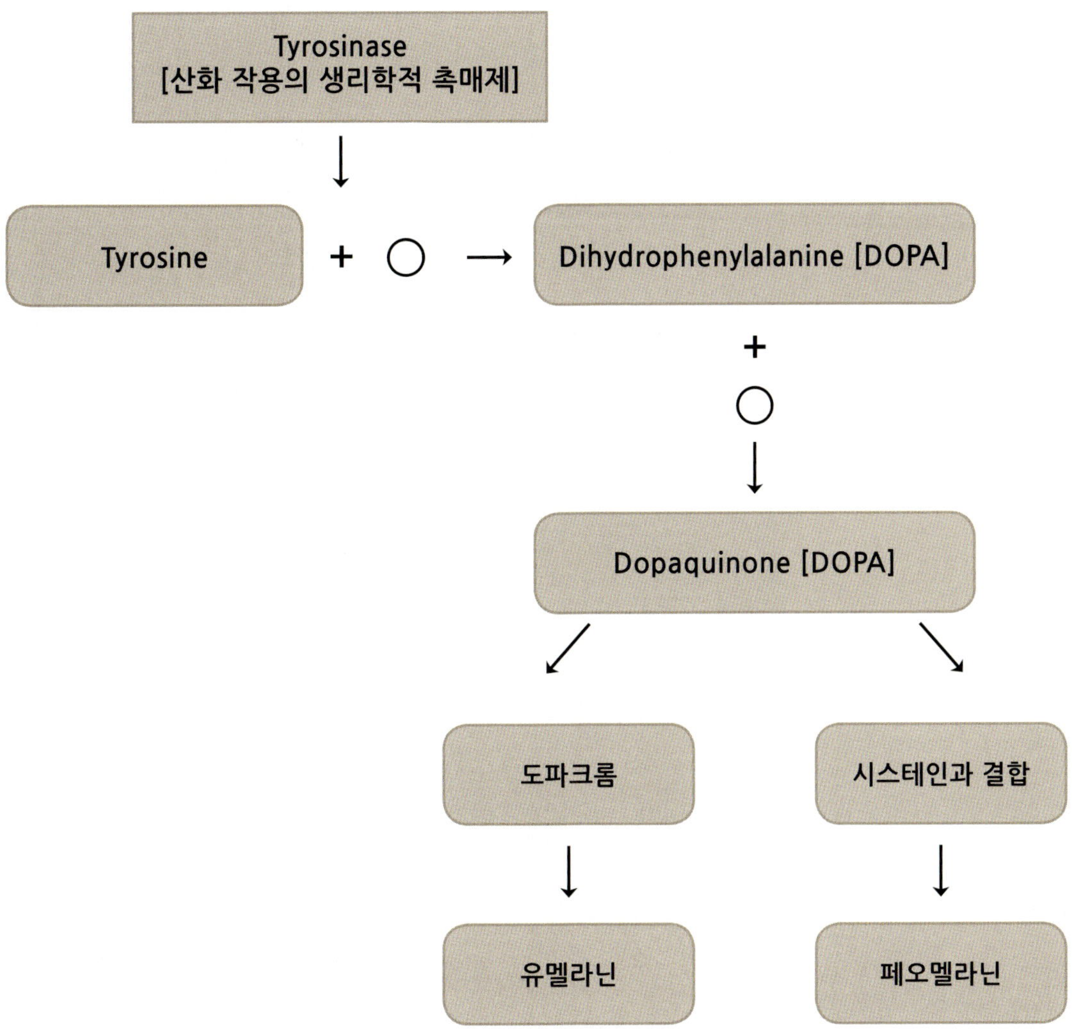

모낭의 구조

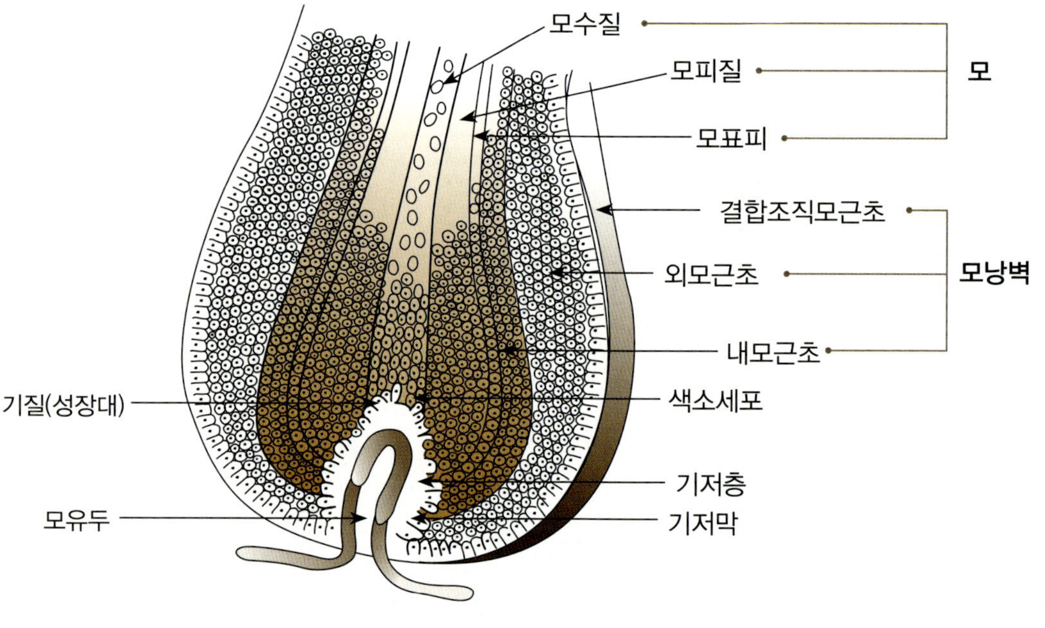

모주기에는 모유두의 활동이 왕성하여 모발을 성장시키는 성장기, 모근부가 수축되어 모유두와 분리되면서 성장이 점차 늦어지는 퇴행기, 모유두가 활동을 완전히 멈추는 시기인 휴지기, 모유두가 다시 활동을 시작하여 새로운 모발을 발생시키는 발생기가 있다. 이와 같은 모주기를 거치면서 모발은 생장과 자연탈모를 거듭한다.

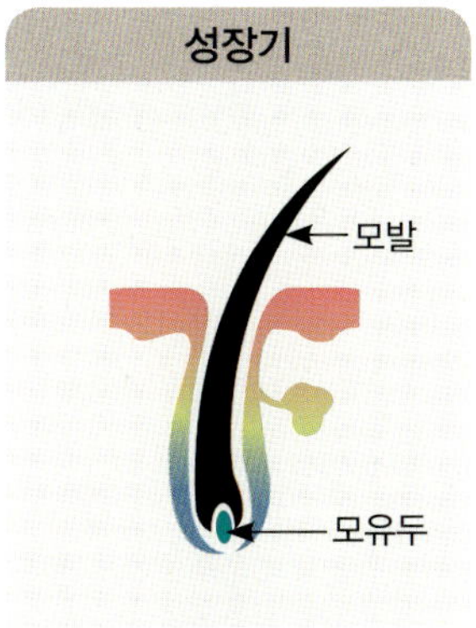

(1) 성장기 *Anagen Stage*

모모세포가 모유두에 근접해 있는 모세혈관으로부터 영양을 공급받아 왕성한 세포분열을 일으켜 새로운 모발이 생성되어 성장하는 단계이다. 모발의 생장률은 사람의 특정 신체부위, 남성과 여성, 그리고 나이에 따라 달라질 수 있다. 성장기는 전체 모발(약 10~15만개)의 80~90%를 차지하고 있으며 퇴행기까지 자가 성장하며 3~6년간 지속된다.

(2) 퇴행기 *Catagen Stage*

모모세포의 분열이 더 이상 일어나지 않아 성장이 느려져서 정지되는 단계이다. 이 시기에는 모유두와 모구부가 분리되고 모낭이 위축되면서 모근은 위쪽으로 밀려 올라가고 세포분열은 정지된다. 퇴행기에 해당하는 모발은 전체 모발 중 1%로서 대략 3~4주간 지속된다.

(3) 휴지기 *Telogen Stage*

휴지기의 모발은 곤봉모양 상태로 모낭과 모유두가 분리되어 모근이 위쪽으로 밀려 올라가 모발이 빠지는 시기이다. 이 시기는 대략 3~5개월 지속되며 14~15%가 이 단계에 속한다.

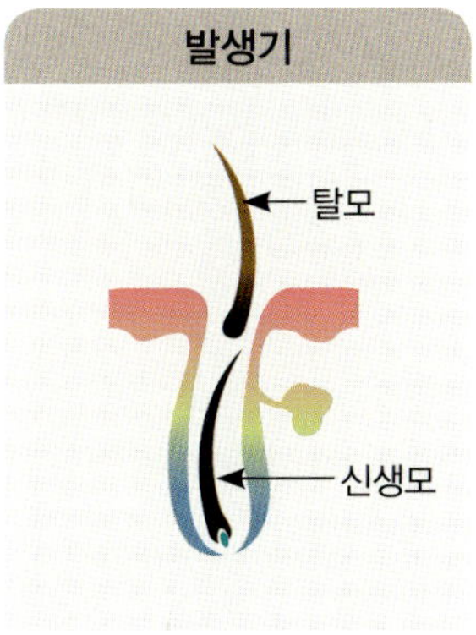

(4) 발생기 *New Anagen Stage*

세포분열이 왕성해져 새로 발생된 모발이 성장하게 되며 휴지기에 남아 있는 모발은 밀려 자연 탈락한다. 헤어 싸이클은 약 10~15회 반복한다.

5 모발과 pH

pH ; Power of Hydrogen ions : 수소이온 농도 지수

pH는 수분을 포함한 물질이 산성인지 알칼리성인지 구분하는 측정단위이다. 물에 녹아 있는 물질에 수소이온(H^+)이 많으면 산성이 되고 수산화이온(OH^-)이 많으면 알칼리성이 된다. 또한 수소이온과 수산화이온의 양이 같으면 중성(pH7)이 된다. 아미노산은 전기적으로 +이온, −이온 두 가지 성질을 갖고 있다. 산성은 +이온, 알칼리성은 −이온으로 존재하고 중성은 +이온과 −이온이 동등한 상태가 되는데, 이러한 상태를 등전점(Isoelectric point)이라고 한다. 각각의 아미노산은 고유의 등전점 pH를 가지며 각각의 등전점에는 차이가 있다. 모발의 pH는 약 19종 아미노산의 등전점을 평균화한 것으로 pH4.5~5.5 정도이다.

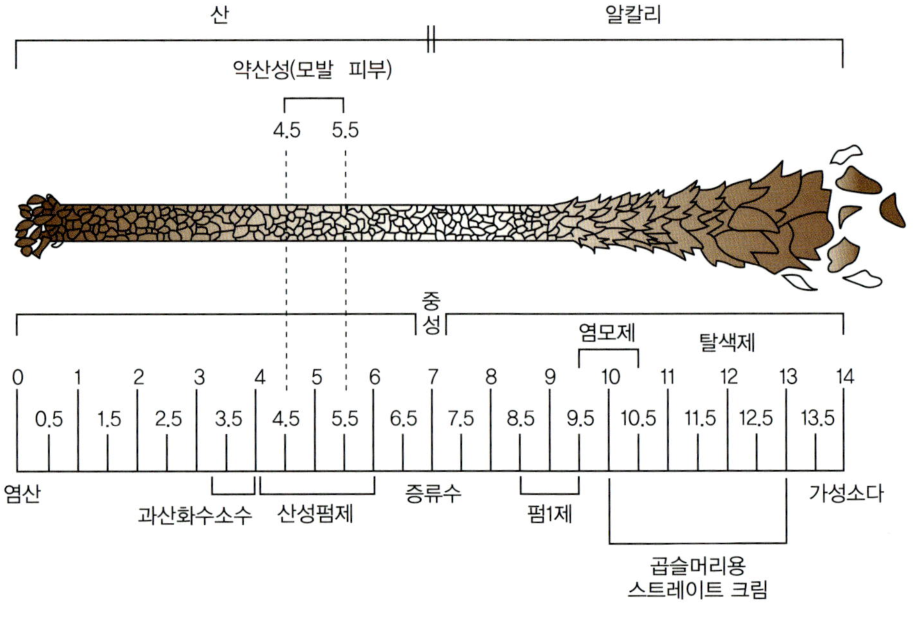

Note

III. 색채의 이해

2. 색의 3속성

색은 크게 유채색과 무채색으로 구분할 수 있다. 무채색은 색상과 채도가 없이 명도만 가지며, 유채색은 무채색을 제외한 모든 색을 의미하며 색의 3속성인 색상, 명도, 채도를 가진다.

1) 색상 *Hue*

색명으로 구별되는 모든 색들을 말하며, 각각의 색이 가지는 독특한 성질이나 고유한 이름이라 할 수 있다. 모발에서도 다양한 색상을 볼 수 있는데 이를 반사빛이라고 한다. 반사빛은 색상명에 따른 약자로 표기하거나 숫자로 표기하고, 염모제 회사마다 각각의 넘버링 시스템을 가지고 있다.

(1) 3원색 *Three Primary Color*

원색이란 더 이상 분해할 수 없는 색, 색의 혼합으로 만들어 낼 수 없는 색이며 기본색이라고도 한다. 노랑, 빨강, 파랑이 3원색이며 1차색(primary color)이다. 1차색과 1차색의 혼합으로 만들어지는 색을 2차색(secondary color)이라고 하며, 1차색과 2차색의 혼합으로 만들어지는 색을 3차색(tertiary color)이라고 한다. 3원색을 모두 혼합하면 무채색(순회색, neutral gray)이 된다.

1차색

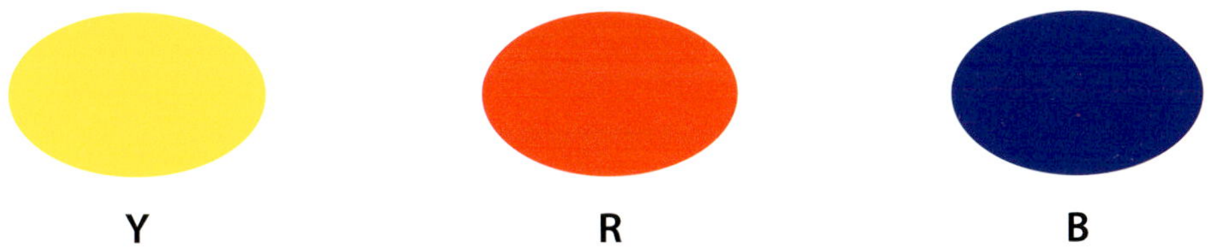

2차색

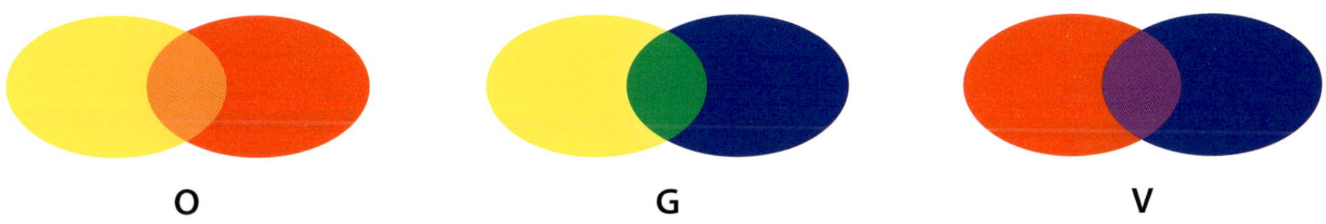

3차색

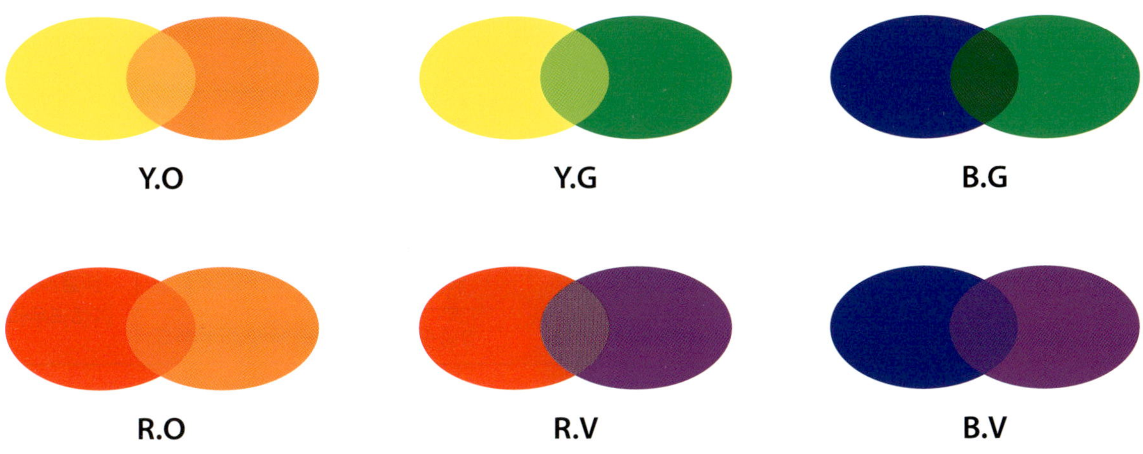

(2) 색상환 *Color Wheel*

적색, 청색 등 색의 명칭을 의미하는 색상만을 다루고 있는, 색의 관계를 보여주는 2차원적인 모델이다. 색상환에서 서로 이웃하고 있는 색상을 유사색(analogous color)라고 하고 반대위치에 있는 색을 보색(complementary color)이라고 한다.

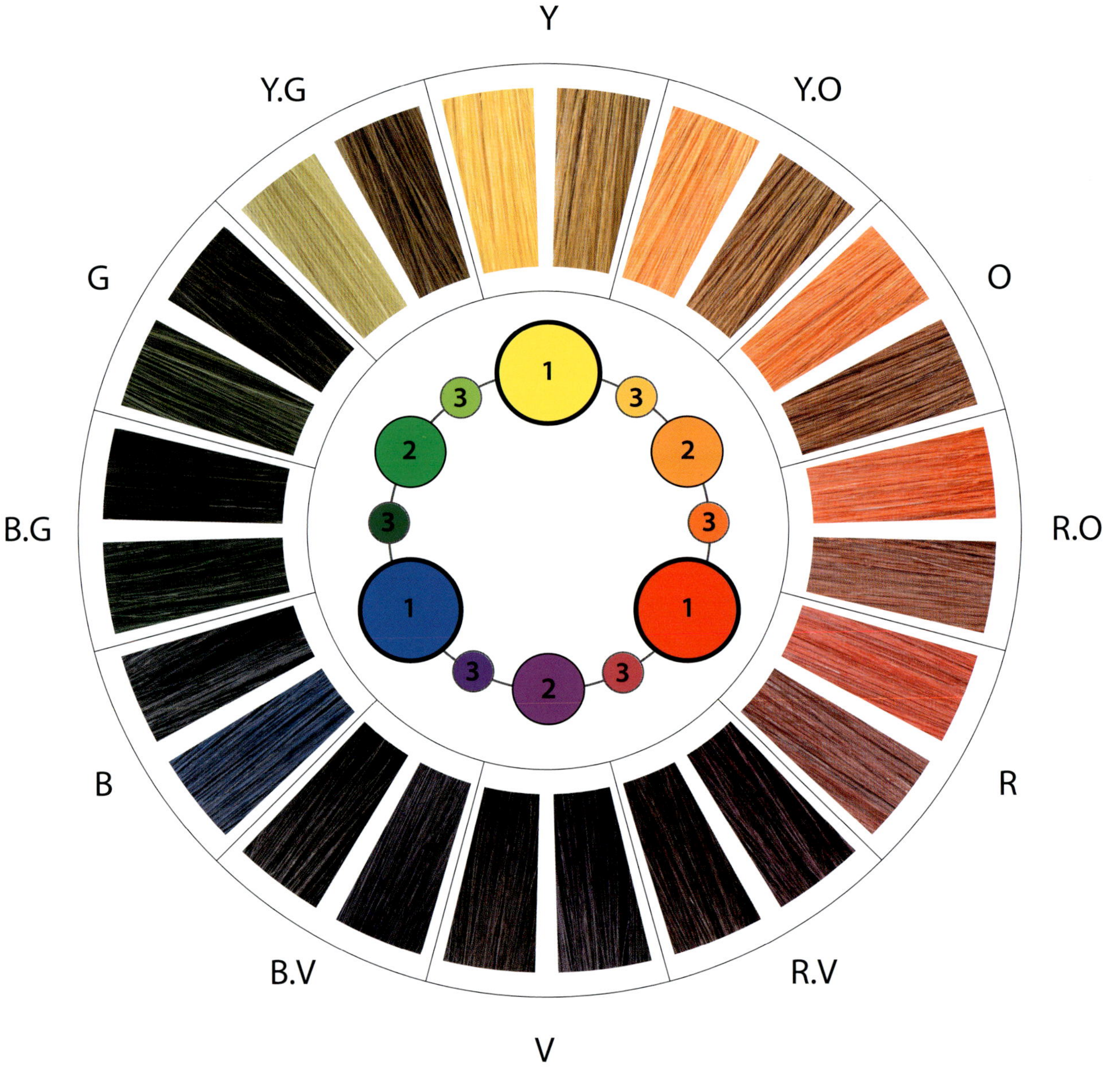

실습

스와치 Light, Medium 각 1개씩 12 set, 반영구염모제 준비

Step 1.

- 1차색 도포 후 자연방치
- 준비된 웨프트 세트 (Light & Medium)에 1차색(Y, R, B)을 도포

Step 2.

- 2차색 도포 후 자연방치
- 1차색과 1차색을 혼합하여 2차색(O, G, V)을 만들어 웨프트 세트에 도포

Step 3.

- 3차색 도포 후 자연방치
- 1차색과 2차색을 혼합하여 3차색(Y.O, R.O, Y.G, B.G, R.V, B.V)을 만들어 웨프트 세트에 도포

Step 4.

- 방치시간이 끝나면 헹굼

(3) 보색 *Complementary Color*

보색이란 색상환에서 서로 반대 위치에 있는 색상이며 보색끼리의 혼합은 서로의 색상을 중화시켜 무채색이 되게 한다. 모발에서는 원하지 않는 색상을 제거하고 원래의 색상인 갈색으로 되돌리기 위해 이 원리가 사용되며 이를 보색중화라고 한다.

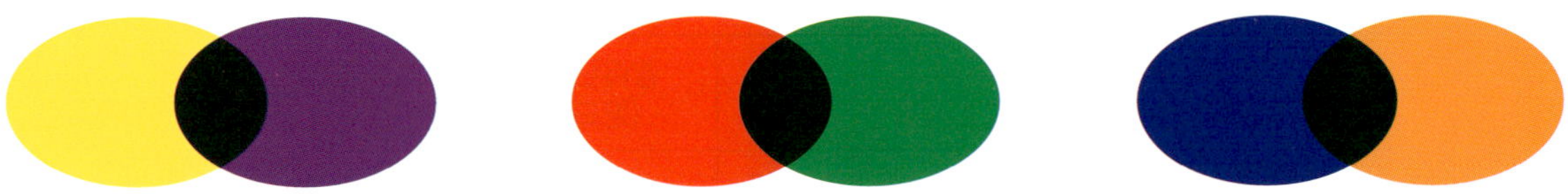

Yellow + Violet **Red + Green** **Blue + Orange**

Note

(4) 한색과 난색 *Cool color & Warm color*

색을 보았을 때 일반적으로 느끼는 인상과 연상작용 등은 개개인에 따라 다르지만 대다수의 사람들이 보편적으로 느끼는 느낌을 색의 감정이라 하고 따뜻한 느낌이 나는 색을 난색, 차가운 느낌이 나는 색을 한색이라 하며, 초록이나 보라 등은 중성색이라 한다.

	비산화염모제	산화염모제
난 색 *Warm Color*		

한 색 *Cool Color*		

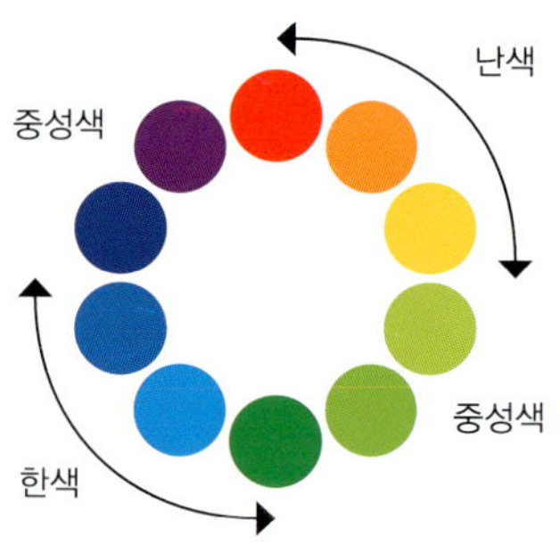

실습

컬러스와치 White, Light, Medium, Medium Dark 8set
반영구염모제, 영구염모제 준비

Step 1.

- 준비된 컬러스와치 세트에 반영구 염모제 한색, 난색을 도포

Step 2.

- 준비된 컬러스와치 세트에 영구 염모제 한색, 난색을 도포

Step 2.

- 방치시간이 끝나면 샴푸 후 건조

2) 명도 *Value / Lightness*

색의 밝고 어두운 정도를 나타내는 것을 명도라 하고, 가장 밝은 흰색에서 가장 어두운 흑색까지 단계적으로 나누어 명도차를 나타낸 것을 그레이스케일(Gray Scale)이라 한다.

모발의 명도는 레벨(Level)이라는 용어로 표시하며 일반적으로 1~10단계로 나눈다. 가장 어두운 모발인 흑색을 1레벨, 가장 밝은 모발인 아주 아주 밝은 황금색을 10레벨이라고 한다. 모발의 명도를 표시하는 또 하나의 방법은 모발의 명도를 5단계로 나누어 범주(Field)로 구분하는 것이다. 각 레벨과 범주의 세부명칭은 다음과 같다.

	Gray Scale	LEVEL 모발의 명도	FIELD 명도의 범주	
10			아주 아주 밝은 황갈색 [황금색]	L (Light)
9			아주 밝은 황갈색	
8			밝은 황갈색	M.L (Medium Light)
7			황갈색	
6			어두운 황갈색	M (Medium)
5			밝은갈색	
4			갈색	M.D (Medium Dark)
3			어두운 갈색	
2			아주 어두운 갈색	D (Dark)
1			흑색	

3) 채도 *Chroma / Saturation*

색의 맑고 탁함의 정도를 나타내는 것으로 원색일수록 채도가 높으며 색이 섞일수록 채도는 낮아진다. 모발에서는 채도보다는 강도(intensity)라는 표현이 더 일반적으로 사용되며, 동일한 모발 색일지라도 어떤 강도의 색이 착색되는지에 따라 채도 즉, 강도는 달라질 수 있다.

3. 색의 혼합과 빛의 혼합

두 가지 이상의 색을 혼합하여 새로운 색을 만드는 것을 혼색이라 한다.

1) 가법혼색

빛의 혼합과 같이 색을 섞을수록 그 결과물이 더 밝아지는 혼색을 말한다.

2) 감법혼색

색(색재, 색료)의 혼합과 같이 섞을수록 더 어두워지는 색의 혼색이다.

염모제의 혼색도 감법혼색이므로 두 색을 혼합하면 두 색의 평균 명도보다 더 어두워지며, 채도 또한 낮아져 색이 어둡고 탁해진다는 점을 염두에 두어야 한다.

(3) 색상대비

두 가지 이상의 색을 동시에 바라볼 때 각 색상의 차이가 크게 느껴지는 현상을 색상대비라고 한다.

(4) 보색대비

색상환에서 정반대에 위치한 두 색상이 인접해 있을 때 서로 영향을 받아 채도가 높고 선명해 보이는 현상이다.

2) 면적대비

면적의 크기에 따라 색이 다르게 느껴지는 현상으로 면적이 클수록 명도, 채도가 높아 보이고 면적이 작아지면 상대적으로 명도와 채도가 낮아 보이는 현상이다. 헤어컬러에서 색을 선택할 때 모발 전체에 시술할 것인지, 부분적으로 시술할 것인지에 따라 명도, 채도의 선택에 신중을 기해야 한다.

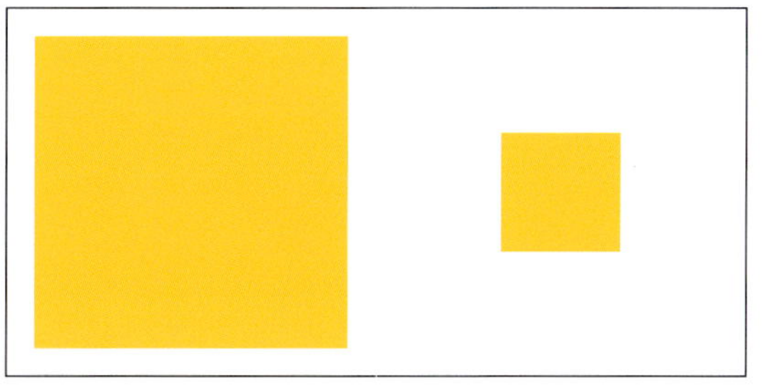

3) 한난대비

한색과 난색을 동시에 사용할 경우 한색은 더욱 차갑게 난색은 더욱 따뜻하게 보이는 현상이다.

4) 연변대비

두 색이 인접해 있을 경우 인접된 부분이 특히 강한 대비현상을 보이는 경우

5) 계시대비

인접한 색을 동시에 볼 때 일어나는 현상이 아니라 색을 보고 난 후 다른 색을 봤을 때 시간적 간격에 따라 나타나며 먼저 본 색의 영향으로 나중에 보는 색이 다르게 보이는 현상이다.

Note

5. 톤 (TONE)

명도와 채도의 복합 개념을 말하는 것으로, 색의 밝기 정도나 강약 또는 농담 등을 표현하는 방법이다. 색을 감각적으로 의사소통해야할 필요가 있을 때에는 다소 복잡하고 색의 느낌이 쉽게 연상되지 않는다는 어려운 점이 있다. 예를 들어 어떤 특정한 색을 설명할 때 "이 컬러는 먼셀 표색계의 5PB의 7.7이다."라고 하면 색의 색상과 명도 그리고 채도를 정확히 설명하기는 했지만 색감이 느껴지지는 않는다. 사람들은 보통 '연한 파랑색', '선명한 빨강색'등으로 쉽게 색을 표현하며 이런 표현은 그 색의 색감과 느낌을 한꺼번에 전해준다. 이것이 바로 색조(tone)로 색을 표현하는 방법이다. 색조의 단계는 11단계로 나누어진다.

약호	대응 영어
Wt	**White**
Lg	**Light Gray**
Mg	**Medium Gray**
Dg	**Dark Gray**
Bk	**Black**

약호	대응 영어	형용사
V	**Vivid**	선명한
S	**Strong**	강한
B	**Bright**	밝은
P	**Pale**	맑은
Vp	**Very pale**	연한
Lgr	**Light grayish**	흐릿한
L	**Light**	은은한
Gr	**Grayish**	탁한
Dl	**Dull**	차분한
Dp	**Deep**	깊은
Dk	**Dark**	어두운

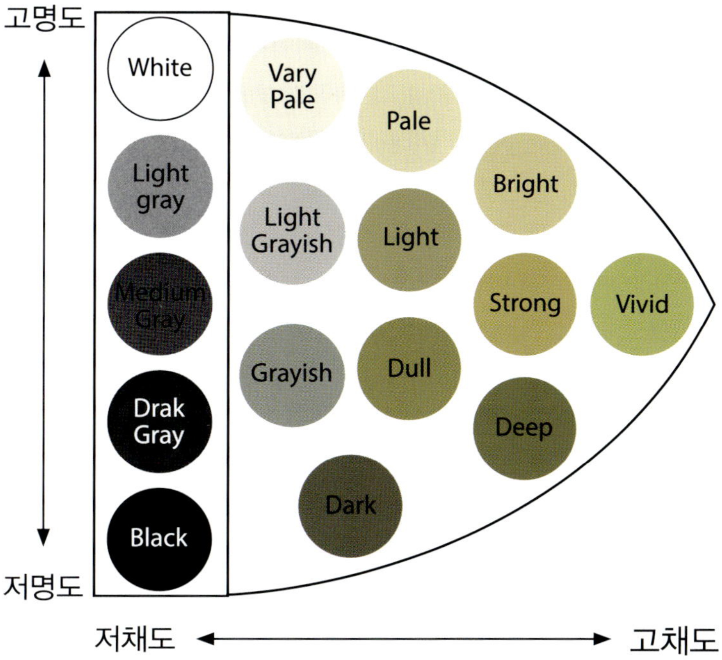
고명도
White
Light gray
Medium Gray
Drak Gray
Black
저명도
Vary Pale
Pale
Bright
Light Grayish
Light
Strong
Vivid
Grayish
Dull
Deep
Dark
저채도
고채도

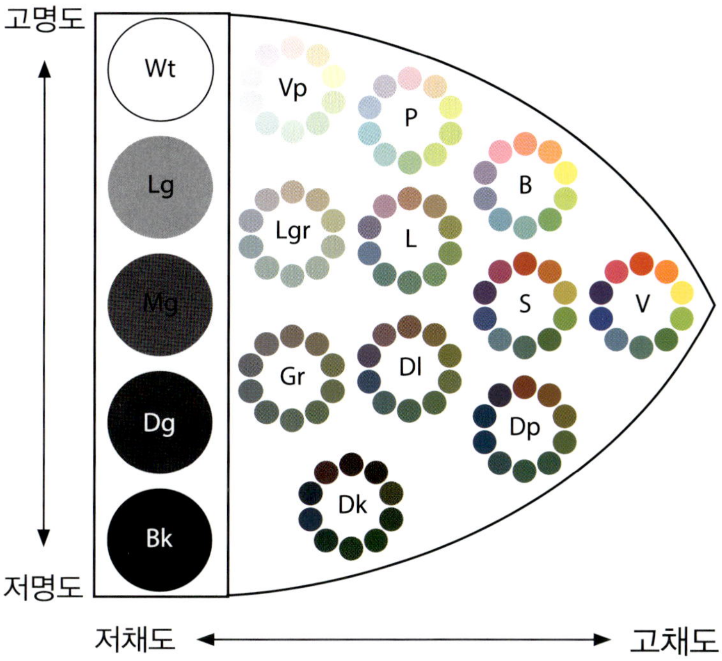
고명도
Wt
Lg
Mg
Dg
Bk
저명도
Vp
P
B
Lgr
L
S
V
Gr
Dl
Dp
Dk
저채도
고채도

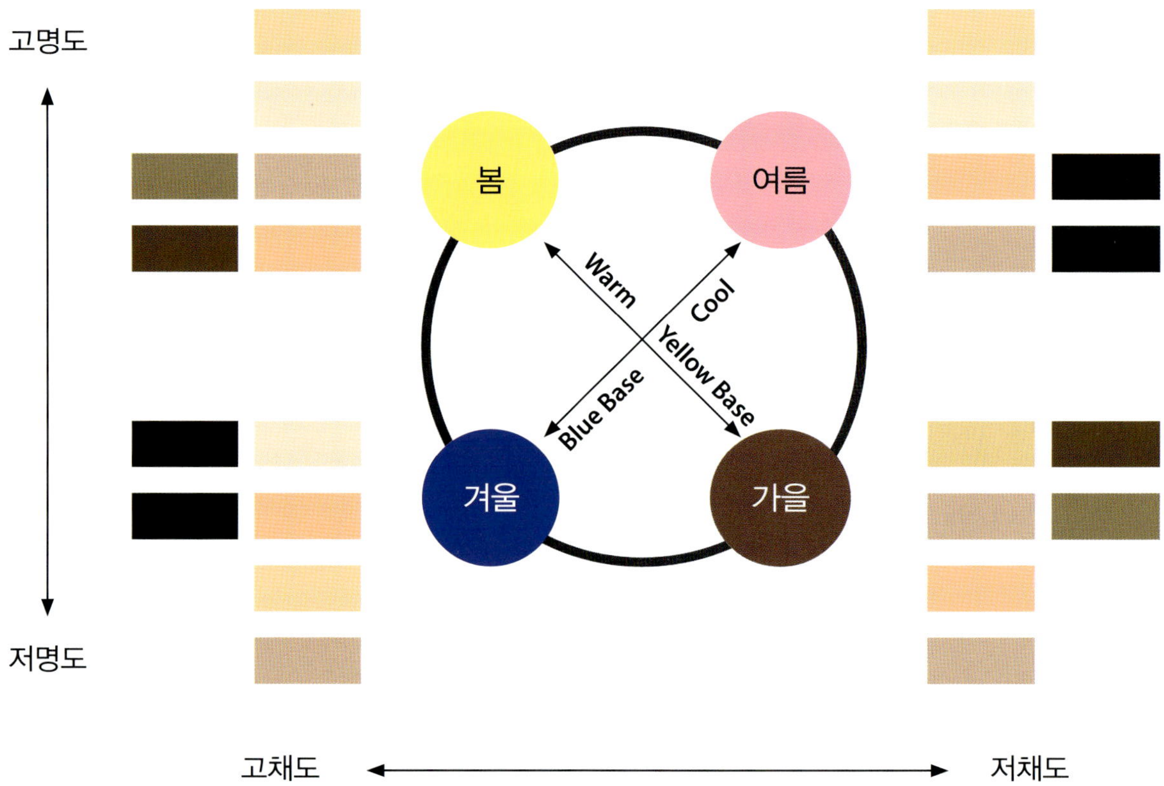
고명도
저명도
봄
여름
겨울
가을
Warm
Cool
Blue Base
Yellow Base
고채도
저채도

모발과 피부의 색	베이스 컬러의 범주	Warm	Cool
모발색			
	Light		
	Medium		
	Dark		
피부색			

3) 퍼스널컬러

퍼스널컬러에서는 색상환에서의 한색, 난색과는 달리 색의 혼합에 의해서 이루어지는 기조색에 의해 모든 색을 노란 기운(Yellow Base)을 띠는 색인 웜톤(Warm Tone)과 푸른 기운(Blue Base)을 띠는 색인 쿨톤(Cool Tone)으로 구분한다. 웜톤을 다시 봄, 가을로, 쿨톤은 여름, 겨울로 나누어 4계절컬러로 구분할 수 있다.

(1) 봄

따뜻한 옐로우 베이스를 바탕으로 맑고 투명한 빛을 지니고 있으며 명도와 채도가 높다.

(2) 여름

흰색과 파란색을 기본으로 한 차가운 색이 주를 이루며 명도는 높고 채도는 낮아 부드러운 파스텔 톤이 많이 사용된다.

(3) 가을

황색과 노란색이 혼합되어 깊이가 있고 풍성한 색으로 명도, 채도가 낮다.

(4) 겨울

푸른색과 검은색이 혼합되어 차가운 색이고 채도가 높고 선명한 밝은 색과 짙은 색의 명도 차이가 분명하다. 대비가 강한 것이 특징이다.

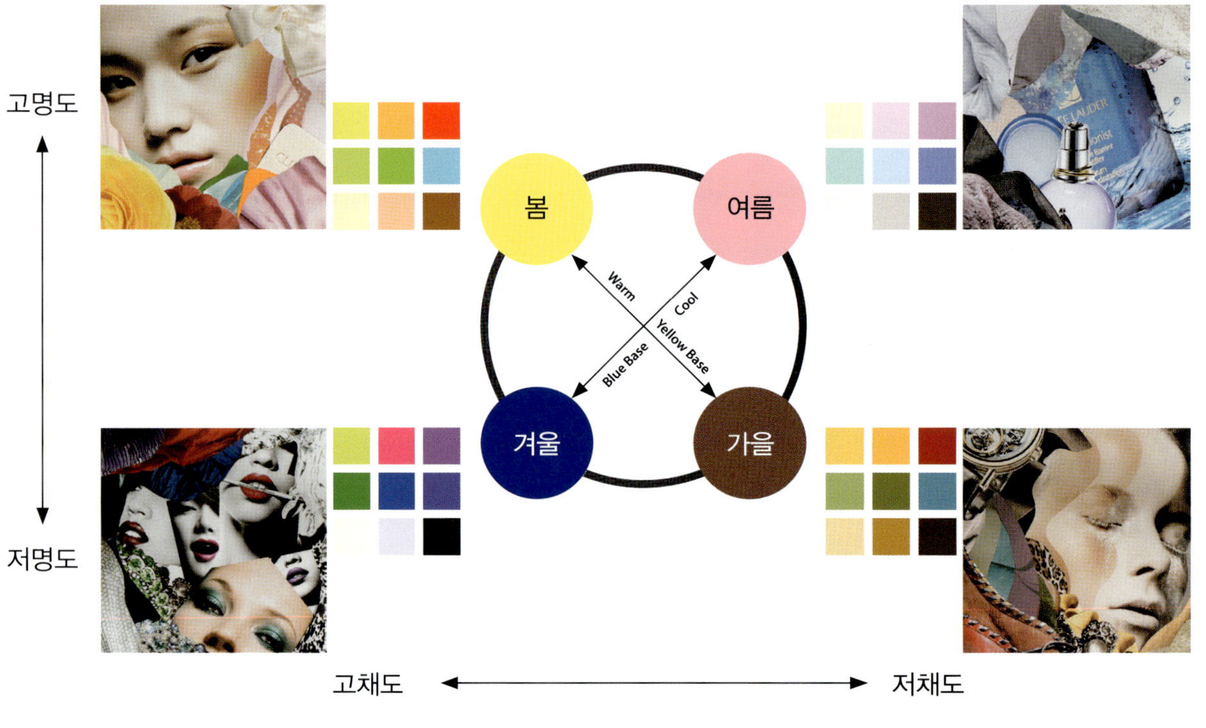

4) 컬러 이미지 스케일

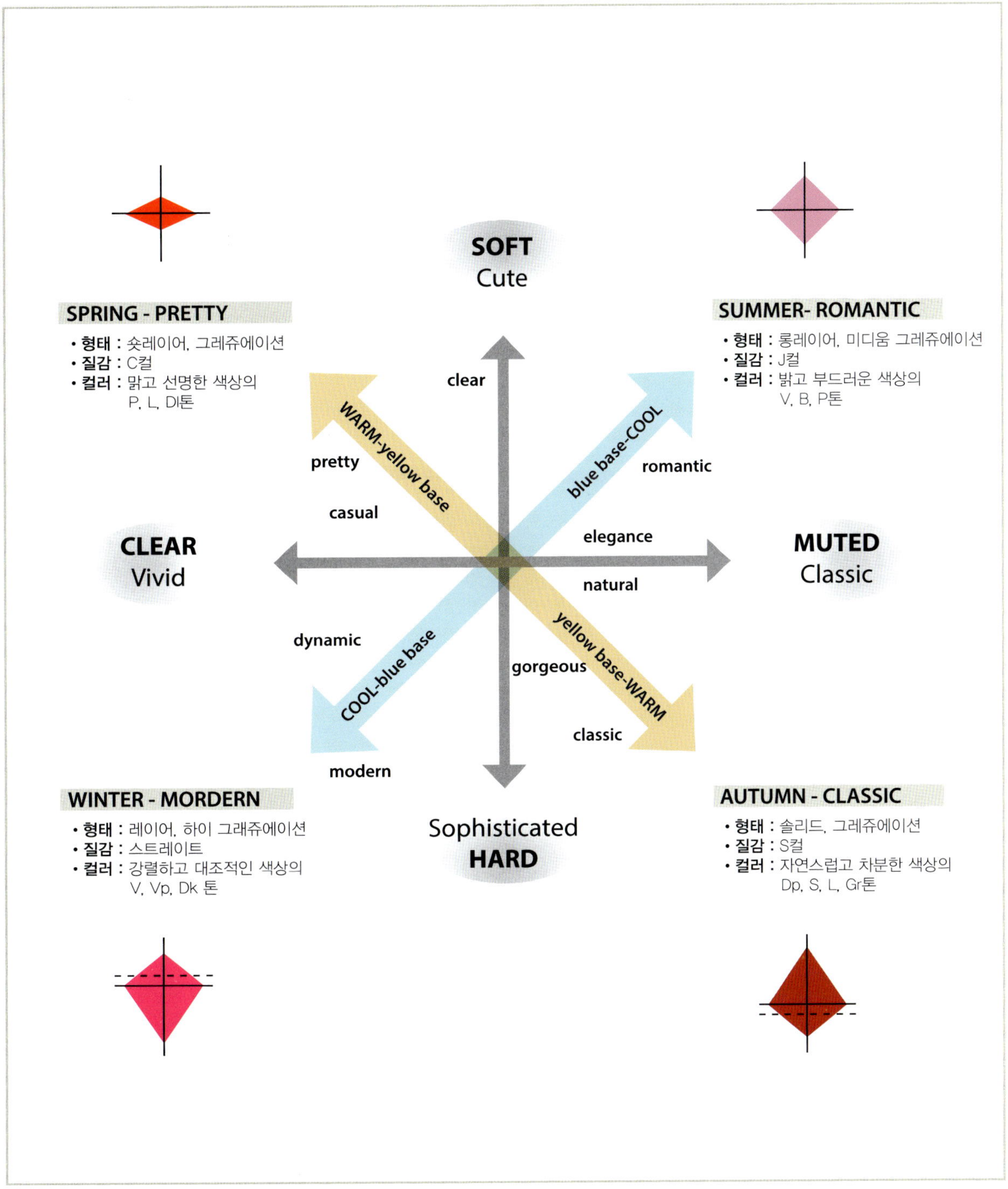
SOFT
Cute
SPRING - PRETTY
• 형태 : 숏레이어, 그레쥬에이션
• 질감 : C컬
• 컬러 : 맑고 선명한 색상의
P, L, Dl톤
SUMMER- ROMANTIC
• 형태 : 롱레이어, 미디움 그레쥬에이션
• 질감 : J컬
• 컬러 : 밝고 부드러운 색상의
V, B, P톤
clear
pretty
casual
romantic
elegance
natural
WARM-yellow base
blue base-COOL
CLEAR
Vivid
MUTED
Classic
dynamic
gorgeous
classic
modern
COOL-blue base
yellow base-WARM
WINTER - MORDERN
• 형태 : 레이어, 하이 그래쥬에이션
• 질감 : 스트레이트
• 컬러 : 강렬하고 대조적인 색상의
V, Vp, Dk 톤
Sophisticated
HARD
AUTUMN - CLASSIC
• 형태 : 솔리드, 그레쥬에이션
• 질감 : S컬
• 컬러 : 자연스럽고 차분한 색상의
Dp, S, L, Gr톤

Clear [클리어]

가볍고 산뜻한 느낌의 깨끗하고 청순한 이미지이다. 고명도, 저채도의 Very pale, Bright 톤이 주로 사용되며 컬러는 화이트, 블루, 퍼플 블루, 블루 그린 계열이 사용된다.

key word ; 투명한, 가벼운, 상쾌한, 깨끗한

Natural [내추럴]

자연스럽고 편안한 느낌의 부드러운 이미지이다. 중명도, 중채도의 Light, Light Grayish, Grayish 톤이 주로 사용되며 컬러는 레드, 옐로우 레드, 옐로우, 옐로우 그린, 그린 계열이 사용된다.

key word ; 자연적인, 친근한, 편안한, 한가로운, 소탈한

Romantic [로맨틱]

부드럽고 낭만적인 여성의 이미지이다. 중명도에서 고명도, 중채도의 Pale, Light 톤이 주로 사용되며 색상은 핑크, 퍼플, 레드 퍼플, 레드, 옐로우 레드 계열이 사용된다.

key word ; 여성스러운, 부드러운, 낭만적인, 달콤한, 소녀같은, 섬세한, 연한

Elegance [엘레강스]

차분하고 부드러운 느낌의 기품 있는 여성의 이미지이다. 중명도, 중채도의 Light, Grayish 톤이 주로 사용되며 색상은 퍼플, 레드퍼플, 레드 계열이 사용된다.

key word ; 우아한, 성숙한, 여성스러운, 기품 있는, 고급스러운

Gorgeous [고저스]

화려하고 깊이감이 있는 여성의 이미지이다. 중명도, 고채도의 Strong, Deep 톤이 주로 사용되며 색상은 명도는 낮지만 채도가 높은 레드 계열이 가미된 색상이 사용된다.

Key word ; 화려한, 성숙한, 장식적인

Classic [클래식]

고전적이고 원숙한 느낌으로 시대를 초월한 가치와 보편성을 가진 이미지이다. 저명도 저채도의 Deep, Dull, Dark 톤이 주로 사용되며 색상은 비교적 다양하게 사용되나 브라운 계열이 주를 이루며 와인, 다크 그린, 네이비, 그레이 등과 함께 사용된다.

Key word ; 차분한, 중후한, 고전적인, 조용한, 전통적인, 보수적인

Modern [모던]

현대적이고 도시적인 차가운 이미지이다. 저명도 저채도의 Deep, Dark 톤과 고명도 저채도의 Very Pale 톤이 강한 콘트라스트를 이루며 배색된다. 포인트 컬러로 Vivid 톤의 레드, 퍼플블루, 블루그린 등을 활용하여 심플하면서도 감각적으로 사용된다.

Key word ; 현대적인, 도시적인, 무거운, 딱딱한, 차가운

Dynamic [다이나믹]

역동적이고 강렬한 이미지이다. 고채도의 Vivid, Strong, Dark 톤의 원색과 검정색이 강한 콘트라스트를 이루며 배색된다.

Key word ; 역동적인, 과감한, 강렬한, 강한

Casual [캐주얼]

경쾌하고 활동적인 이미지이다. 중명도 고채도의 Vivid, Bright, Strong 톤이 주로 사용되며 색상은 고루 사용된다.

Key word ; 선명한, 활동적인, 경쾌한, 동적인

Pretty [프리티]

귀엽고 사랑스러운 이미지이다. 고명도에서 중명도, 고채도의 Pale, Bright 톤이 주로 사용되며 색상은 옐로우 레드, 옐로우, 옐로우 그린계열이 사용된다.

Key word ; 귀여운, 사랑스러운, 발랄한, 즐거운

Note

Ⅳ. 염색의 이론과 시술과정

1 염모제의 분류와 작용원리

학습목표

1. 염모제의 성분과 기간별 분류를 설명할 수 있다.
2. 염색과 탈색의 차이점을 알고 내용을 설명할 수 있다.

성분별 분류 : 식물성, 금속성, 유기합성 염모제
기간별 분류 : 일시적, 반영구적, 영구적 염모제

1. 염모제의 성분별 분류

1) 금속성 염모제

금속성 염모제는 아연, 철, 카드뮴, 동 등의 화합물로써 대부분 유독한 성분을 가지고 있다. 금속성 염모제는 독성이 강해 인체에 유해할 수 있고 염색 후 금속성 피막이 형성되어 퍼머넌트 웨이브 시술이 잘 되지 않으며, 금속특유의 둔한 광택으로 인해 현재 잘 사용하지 않고 있다.

2) 식물성 염모제

식물성 염모제는 헤나나 카모마일 등의 식물의 꽃, 열매, 뿌리 등에서 추출한 염료 가루를 뜨거운 물과 함께 개어서 사용한다. 식물성 염모제는 주로 붉은색으로 색상이 다양하지 않고, 한 번의 시술로 원하는 염색을 기대하기 어렵다. 또한 모발의 색상을 밝게 할 수 없으며, 펌과 염모제의 침투를 막아 화학적 시술에 방해가 되기도 한다.

3) 유기합성 염모제

유기합성 염모제는 파라페닐렌디아민 및 비슷한 종류의 아미노 화합물에 산화제를 혼합 · 사용한다. 모발의 멜라닌 색소가 탈색되어 모발을 밝게 하고 산화중합반응을 일으켜 염료를 모피질까지 침투시켜 발색되는 원리로 산화염모제라고도 한다. 산화염료의 분자 크기는 작지만 모피질안에 들어가 산화중합반응을 일으키면서 분자크기가 커지기 때문에 안전하게 착색할 수 있다.

2. 염모제의 기간별 분류

1) 일시적 염모제 *Temporary Color*

일시적 염모제는 안료를 주성분으로 사용하여 모발내부에는 침투되지 않고 모표피 외피에 정착하여 일시적으로 색상을 연출한 후 샴푸 시 제거되는 염모제이다. 모발을 탈색하는 작용은 없으며 일시적으로 모발색에 변화를 주는 목적으로 사용된다. 제품으로는 컬러무스, 컬러스프레이, 컬러마스카라, 컬러젤, 컬러크레용 등이 있다.

일시적 염모제의 원리

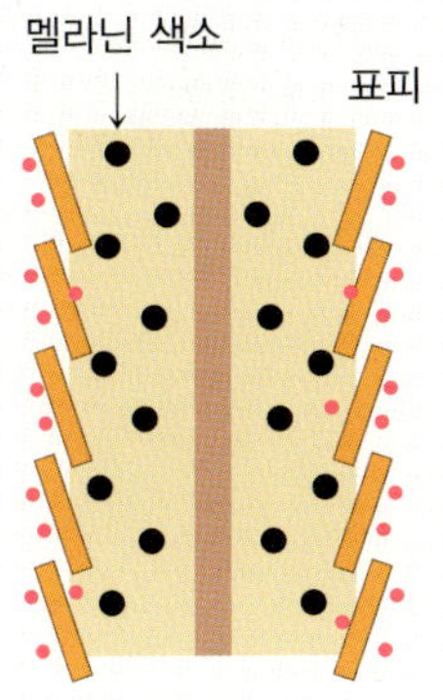

2) 반영구 염모제 *Semi-Permanent Color*

반영구 염모제는 모발의 측쇄결합 중 염결합(이온결합)의 원리를 이용한 것으로 사용염료는 1제로만 구성되어 있다. 주로 산성염료를 사용하므로 산성컬러(Acid Color), 또는 산화제를 사용하지 않으므로 비산화염모제 라고도 부른다.

사용 시에는 이온결합으로 정착되기 때문에 염색 시술 전 약산성의 샴푸와 모발의 pH발란스를 조절하여 주는 콘트롤러를 사용하는 것이 바람직하다. 지속력은 모발손상이나 샴푸 정도에 따라 다소 차이가 있으나 약 2~4주의 지속성을 지니고 있다.

반영구 염모제는 pH3 정도로 모발에 큰 손상을 주지 않으며, 가는 모발에는 윤기와 힘을 부여하는 효과도 있다. 탈색력이 없으므로 자연모의 색상을 유지하면서 부드럽게 반사빛의 색상을 더해주거나 탈색을 병행하여 선명한 모발의 색상을 원할 때 사용된다. 제품으로는 매니큐어, 산성컬러(코팅제)등이 있다.

반영구 염모제의 원리

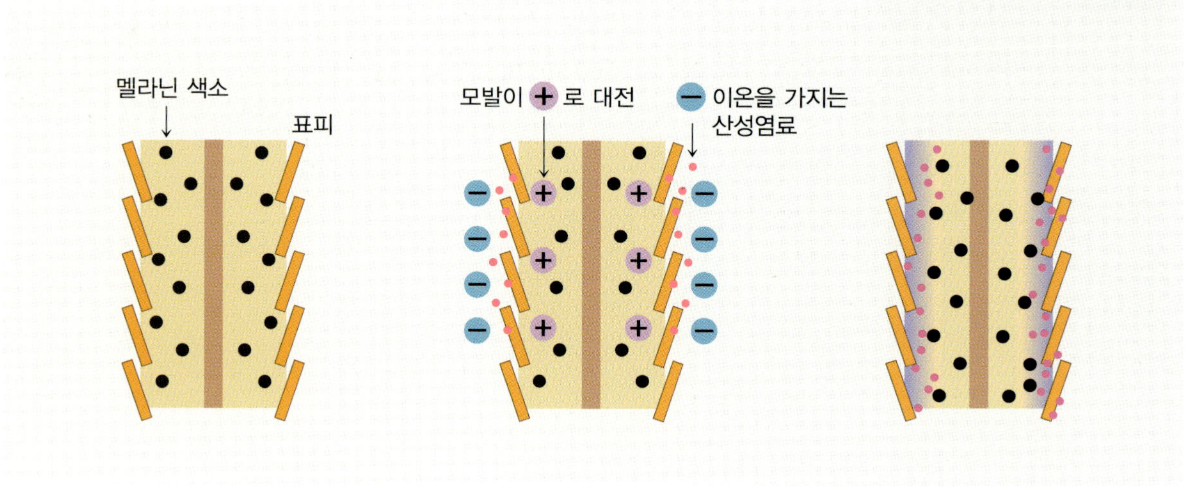

3) 영구 염모제 *Permanent Color*

영구 염모제는 모발에 영구적인 색상의 변화를 가져와 모발을 자라내기 전까지 지속력을 가진다는 특징이 있다. 염모제는 1제의 염료와 2제의 산화제로 이루어져 있으며 염료와 산화제를 혼합하여 사용하므로 산화염모제라고도 한다.

염색의 원리

(1) 염색제 (1제)

1제는 산화염료와 알칼리제로 구성되어 있으며, 양모제, 계면활성제, 산화방지제, 안정제 등이 포함되어 있다. 산화염료는 명도와 반사빛으로 이루어져 있고 브랜드에 따라 약간의 차이가 있으나 .(점)이나 / 를 기준으로 앞쪽은 명도, 뒤쪽은 반사빛으로 이루어져 있다. 다양한 명도와 색상을 가지고 저채도부터 고채도까지 풍부한 색상표현을 할 수 있는 장점이 있으며, 단점으로는 자극적인 향과 사람에 따라 피부 알러지 증상을 일으킬 수 있으므로 패치테스트(Patch test)가 필요하다는 것이다.

염모제의 명명법

예〉 W사의 경우

8 / 45

8 → 명도, 45 → 반사빛

No	반사빛
11	애쉬그레이
2	매트
3	옐로우
34	오렌지베이지
44	캐럿오렌지
45	체리레드
5	로즈
6	바이올렛
68	핑크펄
88	블루실버

예〉 L사의 경우

8 . 34

8 → 명도, 34 → 반사빛

No	반사빛
1	잿빛
2	보라빛
3	금빛
4	구리빛
5	자주빛
6	적빛
7	매트

염모제 사용 시에는 브랜드에 따라 같은 레벨이라도 다른 결과가 나올 수 있으므로 기본 명도를 확인하고 사용하여야 한다. 예를 들어 L사의 기본명도는 5레벨, W사의 기본명도는 3레벨이므로 L사의 명도를 맞추기 위해 W사의 제품을 사용한다면 2단계 높여서 사용하여야 한다.

염모제 명도 선택 공식

톤업 시 ⟶	10레벨 (50%) + 8레벨 (50%) = 9레벨 10.3 + 8.3 = 9.3

알칼리제의 역할

- 모발을 부드럽게 하고, 팽윤시켜 염료 중간체를 모발 내부로 침투시킨다.
- 2제의 주성분인 산화제의 분해를 촉진시켜서 탈색이 일어나도록 한다.
- 염료중간체를 고분자화합물로 크게 해주고 발색시키는 화학적 작용을 한다.
- 일반적으로 암모니아(Ammonia)와 모노에탄올디아민(MEA)이 사용된다.

암모니아 & 모노에탄올아민의 비교

	암모니아 (Ammonia)	모노에탄올아민 (MEA)
성 질	휘발성 물질	비휘발성 물질
장 점	모발 손상이 적다.	냄새가 적고 덜 자극적이다.
단 점	냄새가 강하고 자극적이다.	모발 침투가 늦고 모발에 잔류되어 손상 유발

(2) 산화제 (2제)

산화제는 1제에 함유된 알칼리제의 작용에 의해 색소형성반응을 일으키며 많은 양의 산소를 발생시켜 모발속의 자연색소인 멜라닌을 분해하여 모발을 탈색하는 작용을 일으킨다. 주로 과산화수소수 (H_2O_2)를 사용하며 안정제, 양모제, 계면활성제, 용해제 등이 포함되어 있다.

과산화수소의 농도는 %로 표시하기도 하지만 기체를 측정하는 단위인 볼륨(Volume, Vol.)으로 나타내기도 한다. 과산화수소로부터 1볼륨의 산소가 만들어지는데 소요시간은 약 1분으로 20볼륨의 산소가 발생되는데는 약 20~30분의 시간이 필요하다. 산화제는 그 농도에 따라 산소발생량이 달라지는데 농도가 높을수록 많은 양의 산소를 방출시켜 탈색력을 높인다.

영구 염모제의 원리

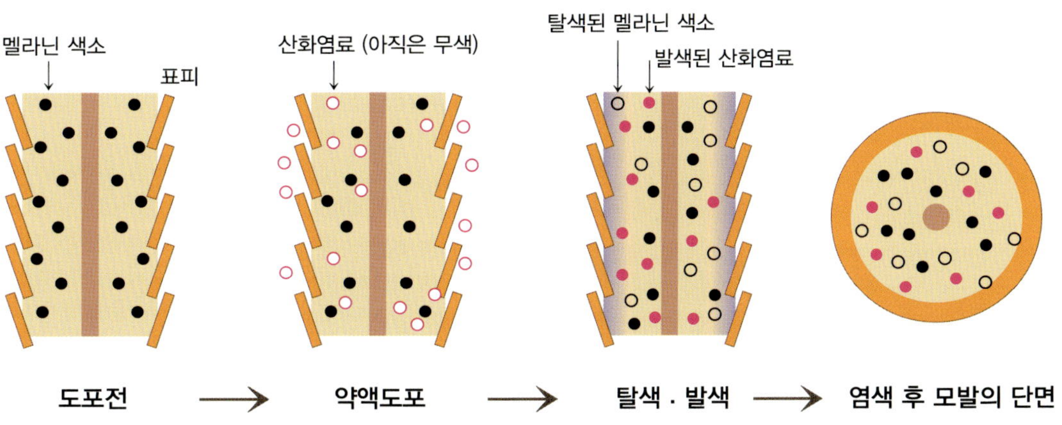

영구 염모제의 과정

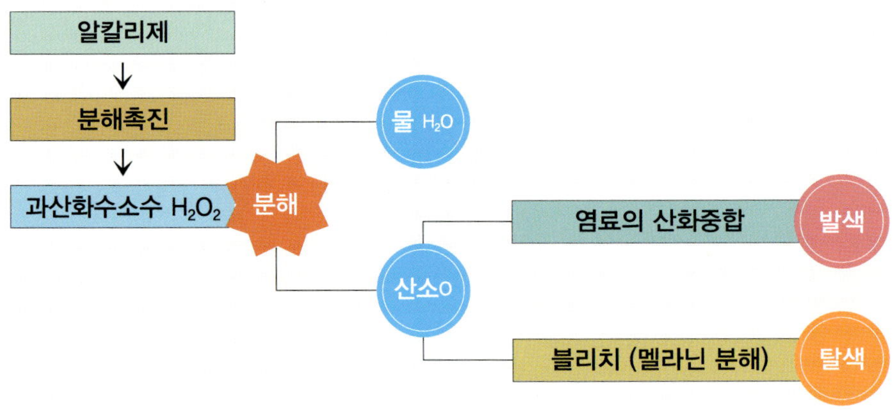

3. 탈색 (Bleach / Lightening / High light)

탈색이란 모발내의 자연멜라닌을 산화, 분해, 파괴, 제거하여 모발의 명도를 올려서 밝은 색으로 변화시킨다. 탈색제의 알칼리제는 모표피를 연화, 팽윤시켜 산화제 침투를 용이하게 하는 작용을 하는데, 제거되는 멜라닌 색소뿐 아니라 모발 단백질까지 파괴하므로 손상도가 크다.

1) 탈색의 종류

(1) 크림형

알칼리제(암모니아)에 라놀린을 첨가하여 크림상으로 만들었기 때문에 모발손상이 비교적 적고 탈색제가 잘 건조되지 않아 지속력이 길다. 탈색 진행 정도를 확인하기 어려운 단점이 있다.

(2) 오일형

알칼리제(암모니아)에 유황유를 혼합하여 두피자극과 모발손상이 비교적 적다. 단점으로는 탈색속도가 느리고, 높은 명도까지 탈색이 어렵기 때문에 거의 두발을 연화시키는데 사용된다.

(3) 분말형

알칼리제(암모니아)에 과붕산나트륨, 과황산암모늄과 같은 산소의 발생을 도와주는 보조제와 표면활성제를 첨가하여 작용반응이 강하다. 컨디셔너가 없어 두피자극과 건성화 등의 손상 우려가 있다. 그러나 높은 명도까지 탈색이 가능하고 반응력이 빠르기 때문에 가장 많이 쓰이고 있다.

2) 탈색제의 구성성분

(1) 알칼리제

- 모표피를 팽윤, 연화시켜 탈색제가 모피질로 침투하도록 돕는다.
- 산화제의 분해를 촉진하여 산소발생을 돕는다.

(2) 과산화수소수(H_2O_2)

- 산소를 발생하여 모피질 내 자연멜라닌을 파괴하여 탈색시킨다.

탈색 시 주의사항

- 탈색은 도포 후 30분이 지나면 작용이 더디므로 원하는 탈색 결과가 나오지 않은 경우 머리를 헹군 후 새로 혼합하여 재도포한다.
- 두피에 상처가 있는 경우는 시술하지 않는다.
- 탈색 시술 전에는 샴푸나 브러싱으로 인해 자극받지 않도록 한다.
- 탈색제와 산화제는 사용 직전 혼합하고 쓰고 남은 약제는 버리도록 한다.

4) 모발탈색에 따른 기여색소

모발은 유멜라닌과 페오멜라닌을 가지고 있는데, 이 중 탈색에 더 빨리 작용하는 멜라닌은 유멜라인이다. 따라서 탈색의 진행에 의해 블루 → 레드 → 옐로우 순으로 밝아지게 된다. 탈색의 일정한 밝기에 따라 나누어 놓은 것을 블리치 레벨이라고 하며 1단계부터 10단계까지 나눌 수 있다.

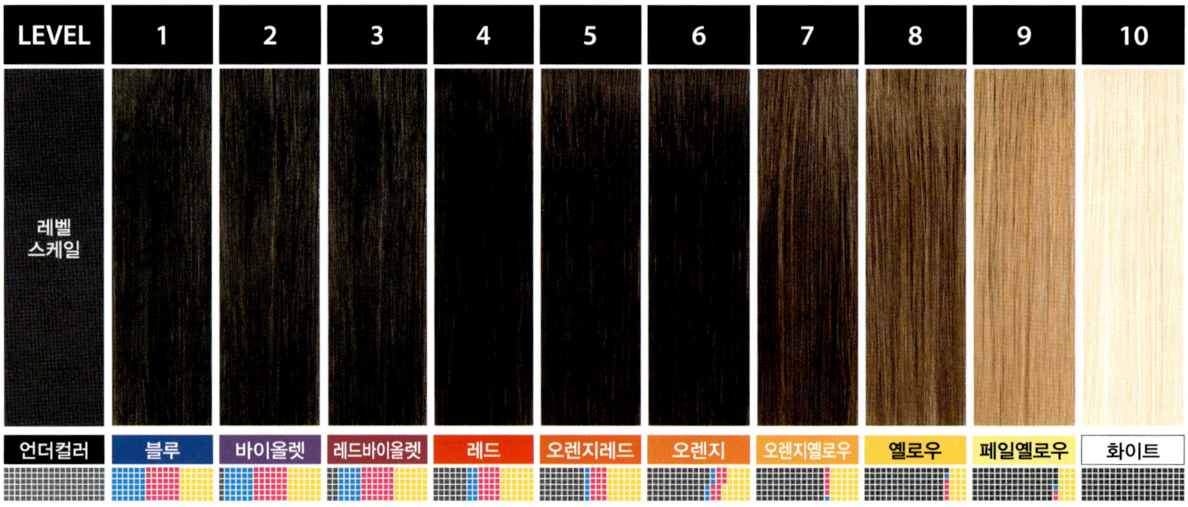

염, 탈색에 영향을 주는 3가지 요소

1. 온도 2. 방치시간 3. 도포량

▶ 염모제의 특징

	반영구 염모제/산성염료	영구 염모제/산화염료	탈색
염 료	타르계 염료	디아민계 산화 염료	과황산염(염료없음)
pH	2–3	9.5–10	9.5
특징 장점	선명한 색상표현 가능	명도와 색상표현의 폭이 큼	멜라닌을 파괴하여 모발을 밝게 함
탈색력	없음	높거나 낮음까지 가능	높다
손상	없음	있음	있음(큼)
작용	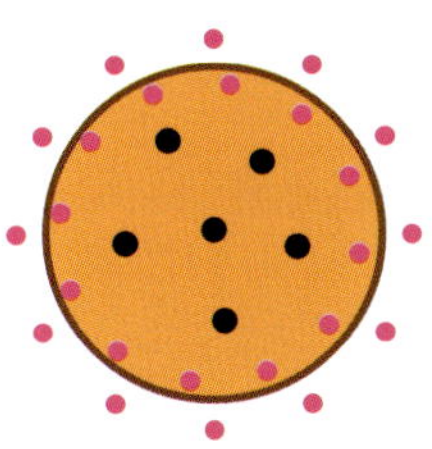 염료가 모발의 표면부에만 염착	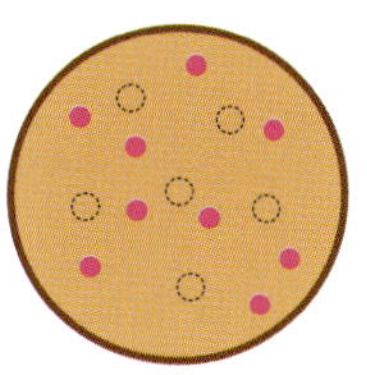 멜라닌 색소를 파괴하여 염료가 모발 내부에 착색	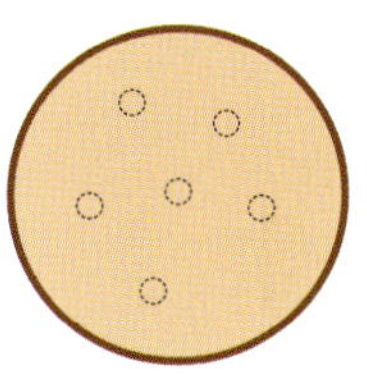 멜라닌 색소를 파괴하여 탈색

2 염색의 과정

학습목표

1. 컬러디자인을 위한 고객상담과 모발 및 두피 진단을 할 수 있다.
2. 염색의 시술과정을 설명할 수 있다.

1. 고객상담과 진단

염색에 있어 상담은 고객의 스타일과 니즈를 정확하게 파악하고 이전의 헤어컬러링 경험을 청취함으로써 모발진단에 도움을 준다. 또한 효율적인 작업 진행 및 결과를 얻는 결정적인 역할을 하게 되므로 매우 중요한 부분이라고 할 수 있다. 고객의 희망색을 디자이너가 이해하기 위해 사진이나 잡지, 컬러차트 등을 제시하여 고객의 결정을 도울 수 있다.

1) 질문과 관찰

고객과 상담할 때는 열린 질문을 통해 고객으로부터 더 많은 정보를 이끌어내려고 노력한다. 고객의 라이프스타일(개인적 특성, 모발에 대한 관심과 평소 모발관리, 평소 스타일과 추구하는 스타일, 건강상태, 생활습관, 직업 등)과 얼굴의 생김새, 좋아하는 색상 등을 고려하여 상담한다.

2) 두피, 모발진단

- 보고(시진), 만지고(촉진), 듣는다(청진)
- 두피진단 : 염모제와 탈색제의 주성분은 알칼리와 과산화수소 등 여러 화학제품이 포함되어 있으므로 두피에 상처의 이상 유무를 확인한 후 시술에 들어가야 한다.
- 모발진단 : 모발에는 기존 염색에 의한 여러 흔적이 남아있기 때문에 정확한 모발진단이 필수적이다. 고객과의 대화를 통해 고객기록카드에 자세히 기록한다.

3) 고객의 동의

상담을 통한 모든 내용을 시술함에 있어 고객도 동의하여야 한다. 만약 고객이 원하는 컬러가 불가능할 때는 그에 대해 고객이 이해할 수 있도록 충분한 설명을 해서 결과색상에 만족할 수 있도록 한다.

고객 컬러 진단서

〈고객정보〉 **담당자 :**

고객명		성 별	남□ 여□	날 짜	. . .
		생년월일		연락처	

〈두피 및 모발진단〉

두피유형		건강두피	탈모두피	지성두피	민감성	비듬두피	건성두피
모발상태	현재모발상태	정상		손상		극손상	
	현재시술상태	염색모		퍼머모		버진헤어	
	길 이	L		M		S	

〈시 술〉

모발의 내츄럴베이스		고객의 희망 명도 / 색	/
신생부의 길이		염모제의 선택	
기염부의 길이		산화제 선택	3% 6% 9%
백모 분포 정도	%	방치시간	

〈테 크 닉〉

5. 컬러테스트

염색의 진행정도와 결과를 확인하기 위해 스트랜드를 얇게 잡아 염모제를 닦아내어 확인하거나 빛에 비추어 경계를 체크하고 발색 정도를 확인한다.

6. 유화(에멀전 Emulsion)와 샴푸

유화는 두피에 묻은 염모제를 제거하고 균일한 염색을 위해 시술한다. 염색모발을 샴푸하기 전에 따뜻한 물을 조금씩 묻혀가면서 마사지하여 유화시킨 후 온수로 깨끗하게 헹구어 내는데, 이는 염색과정에서 생긴 색소의 뭉침이나 얼룩을 완화시키는 역할도 한다. 염색 전용샴푸를 사용하여 모발을 헹군 다음 트리트먼트제를 사용하여 모발손상과 퇴색을 막는다.

7. 후처리

아름다운 컬러를 오랫동안 유지하기 위해서는 후처리가 중요하다. 후처리 제품은 모발에 수분을 공급하여 촉촉함을 유지시키고 색소의 확실한 고착과 함께 퇴색을 방지하는 역할을 한다.

Note

3 반영구 염색 시술

학습목표

반영구 염모제의 내용을 이해하고 시술할 수 있다.

1. 상담 및 모발진단 > 2. 고객준비 > 3. 블로킹 > 4. 컬러도포 > 5. 방치시간 > 6. 샴푸 > 7. 마무리

1. 반영구 염색의 과정

1) 상담 및 모발진단

모발진단을 통해 시술의 적합성을 점검한 후 고객의 희망색과 헤어디자이너로서의 추천색상을 의견 교환하여 일치점을 찾는다.

2) 고객준비

1) 고객의 액세서리를 제거하게 한 다음 가운을 착용한다.

2) 약산성 샴푸를 이용하여 프레샴푸를 하고 모발 손상도를 보아 필요에 따라 끝부분에 트리트먼트를 도포한 다음 드라이를 이용하여 반건조시킨다. 이때 모발의 pH발란스를 맞춰줄 수 있는 pH콘트롤러를 도포하여 준다.

3) 염색제가 묻을 수 있으므로 귀에 이어캡을 씌우고 목둘레에 넥티슈를 둘러준다.

4) 염색 케이프를 어깨에 두른다.

3) 블로킹

약액 도포 전 모발을 빗어 정리한 후 도포가 용이하도록 정중선, 측중선으로 4등분 블로킹을 한다.

4) 컬러도포

1) 두피에서 1~1.5cm띄워 후두부→측두부→전두부 순으로 도포한다. 반영구 염모제는 피부에 약액이 묻을 시 제거가 어려우므로 두피에 묻지 않도록 주의하여야 한다.

2) 도포가 끝나면 느슨하게 비닐캡 또는 랩을 씌워준다.

5) 방치시간

브랜드에 따라 권장 방치시간이 다소 차이가 있을 수 있으나 대개 15~20분 열처리를 한 후 10~15분 자연방치를 한다.

6) 샴푸

염색전용 샴푸와 컨디셔너로 마무리하여 모표피를 닫고 착색에 도움을 주도록 한다. 물 온도는 저온일수록 실리콘 피막을 벗겨내지 않아 모발손상을 방지해준다.

7) 마무리

과도한 열을 피하고 되도록 찬바람으로 건조시켜 모발의 윤기와 색상지속력을 높이도록 한다.

4 영구 염색 시술

학습목표

영구 염모제의 내용을 이해하고 시술할 수 있다.

1. 상담 및 모발진단 → 2. 고객준비 → 3. 기술선정 → 4. 블로킹 → 5. 약제혼합 → 6. 도포 → 7. 방치 → 8. 컬러테스트 → 9. 유화, 샴푸 → 10. 마무리

1. 영구 염색의 과정

1) 상담 및 모발진단

두피의 상태, 모질과 모발의 상태 등을 진단한 다음 고객의 희망색과 스타일 등을 알아본 후 헤어디자이너의 조언 등이 조합되어 색상을 결정한다(패치테스트는 시술 48시간 전에 행한다).

2) 고객준비

(1) 고객의 액세서리를 제거하게 한 다음 가운을 착용한다.

(2) 영구 염모제는 알카리에 의해 두피에 자극을 줄 수 있으므로 과다한 헤어제품 사용 시에만 두피 자극 없이 깨끗하게 샴푸한다.

(3) 영구 염모제는 모발을 완전히 건조시킨 후 시술해야 발색력이 좋고 얼룩이 남지 않으므로 드라이어를 사용하여 건조시킨다.

(4) 염색제가 묻을 수 있으므로 헤어라인과 귀 주변에 얼룩방지크림을 발라 색소침작을 방지한 다음 귀에 이어캡을 씌우고 목둘레에 넥티슈를 둘러준다.

(5) 염색 케이프를 어깨에 두른다.

3) 기술선정

상담결과에 따라 기술을 선정한다.

4) 블로킹

2등분 또는 4등분으로 블로킹한다.

5) 약제혼합

모량과 모질을 고려하여 사용량을 결정한다. 브랜드나 염모제의 명도에 따라 1제와 2제의 혼합비율이 1:1에서 1:3까지 매우 다양하므로 반드시 해당 브랜드의 설명을 참고하도록 한다.

6) 컬러도포

목적에 맞게 신속, 정확하게 도포한다.

염모제 도포 시 유의할 부분

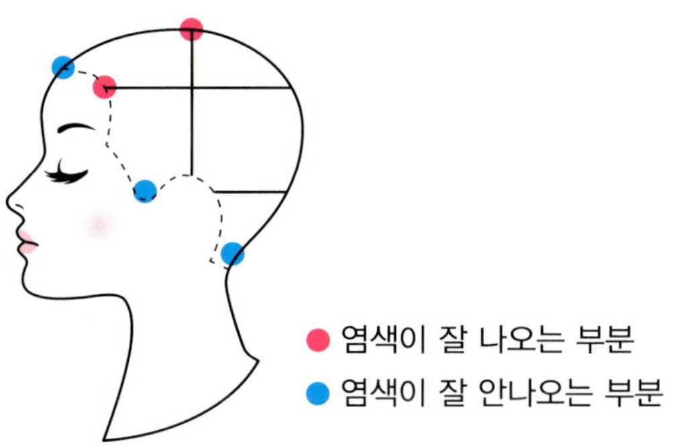

염모제 도포와 크로스 체크

염모제 도포량을 조절하는 브러시 각도

브러시의 각도를 세우면 도포량이 적어지고, 각도를 눕힐수록 도포량이 많아진다.

파팅의 각도에 따른 염모제 도포

파팅의 각도를 직각에 가깝게 들면 스트랜드에만 염모제 도포가 되지만, 파팅의 각도를 낮출수록 베이스까지 도포가 된다.

7. 방치

방치시간은 염색 결과에 큰 영향을 미치는 부분이다. 방치시간이 부족하면 탈색과 발색력이 떨어져 색상의 정확한 결과를 기대하기 어려울 뿐 아니라 유지력도 떨어지게 된다. 브랜드마다 방치시간이 차이가 있을 수 있으나, 일반적으로 멋내기 염색은 30분 내외, 흰머리 염색은 40분 내외로 방치한다.

8. 컬러테스트

스트랜드 테스트를 통해 결과를 확인한다. 흰머리 염색의 경우 흰머리가 많은 부분, 처음 도포한 부분과 마지막으로 도포한 부분을 체크한다.

9. 유화(에멀젼)와 샴푸

유화와 샴푸 과정은 모발의 잔류 알칼리를 제거하여 주고 컬러의 색소를 고착시키며, 트리트먼트를 이용하여 모발 내 간충물질을 채워주는 고정과 복원 과정을 포함한다. 두피에 강한 자극을 주지 않도록 조심스럽게 진행한다.

10. 마무리

고객과의 상담결과에 따른 발색이 충분이 이루어졌는지 확인하고 전체적인 마무리를 한 후 다음 시술에 참고할 사항까지 체크하여 기록한다.

2. 영구 염모제의 기술

1) 버진헤어 *Virgin Hair*

(1) 현재 색상보다 어둡게 하기

희망색상과 산화제를 혼합하여 모근부터 모발 끝까지 원터치 도포

(2) 현재 색상보다 밝게 하기 (버진헤어를 현재상태보다 1~2 level 밝게 하기)

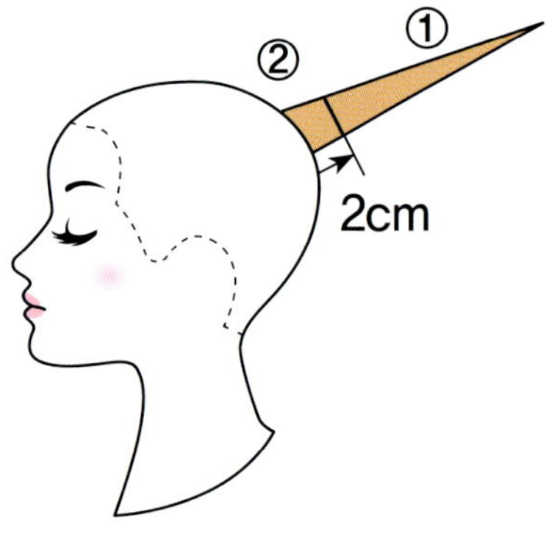

① 희망색상과 산화제를 혼합하여 모근 2cm 떼고 모발끝까지 도포 후 15분~20분 자연방치
② 모근부에 염모제 도포 후 10~15분 자연방치

2) 재염색

(1) 일치성이 있는 경우의 염색

신생부가 2cm 이하일 때

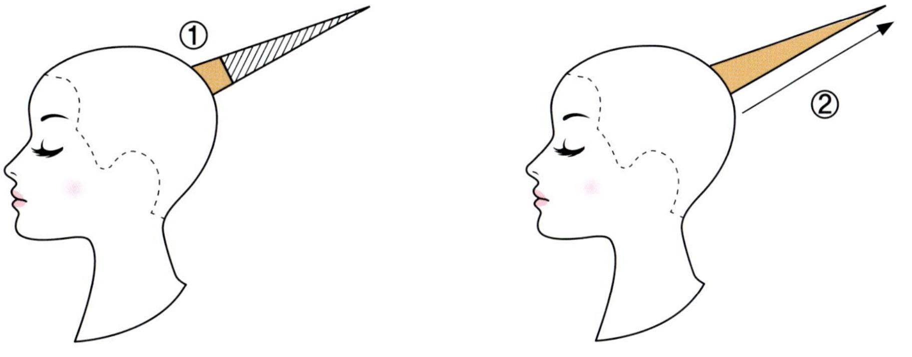

① 희망색상과 산화제를 혼합하여 신생부에 도포한 후 자연방치 15~20분
② 빗질로 연결한 후 자연방치 약 5분

신생부가 2cm 이상일 때

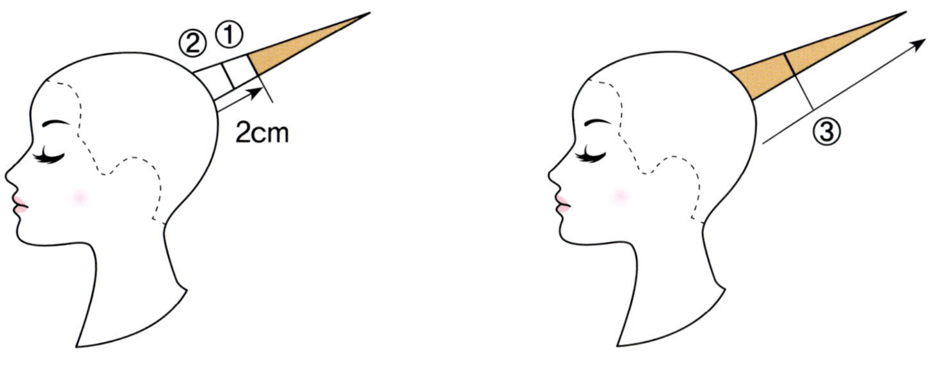

① 희망색상과 산화제를 혼합하여 모근쪽 2cm를 제외한 신생부에 도포한 후 자연방치 10분
② 모근쪽 신생부를 도포한 후 자연방치 15~20분
③ 빗질로 연결한 후 자연방치 약 5분

(2) 퇴색여부에 따른 연연장 기법

연연장 기법은 기염모의 퇴색 정도에 따라 남은 염모제에 온수를 혼합, 시간으로 조정하여 재염색시 색상의 겹침으로 인해 탁해지는 것을 방지하고 신생모와 기염부의 염색결과를 일치하게 만들어주는 기법이다.

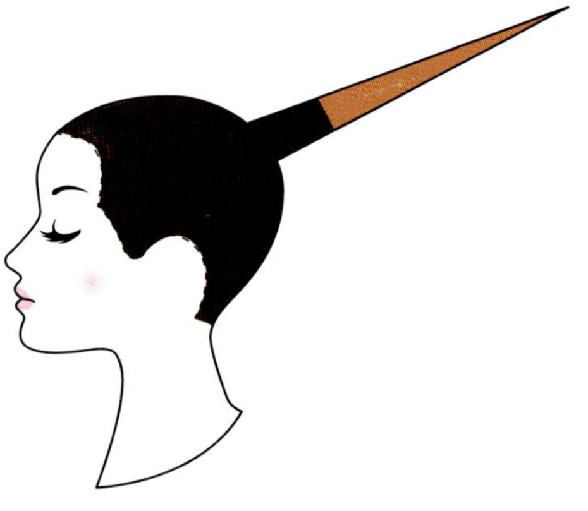

- **퇴색이 적은 경우**

  남은 염모제에 적당량의 온수를 혼합 후 기염부에 도포 (자연방치 5분)

- **약간 퇴색이 있는 경우**

  남은 염모제에 적당량의 온수를 혼합 후 기염부에 도포 (자연방치 15분)

- **퇴색이 심한 경우**

  남은 염모제에 적당량의 온수를 혼합 후 기염부에 도포 (자연방치 35분)

(3) 일치성이 없는 경우의 염색

지우기 (Cleaning)

현재 모발의 명도와 희망색의 명도는 같으나 모발의 색에 일치성이 없어서 기존 색소를 제거하고 희망색을 새로이 염색할 때 쓰이는 시술방법이다. 지우기 방법은 탈색제를 이용한 가벼운 마사지를 통해 모발의 인공적인 기여색소를 빠져나오게 하는 방법이다.

시술방법

- **파우더블리치제 : 온수:산화제(1:2:2)**에 발림성이 좋도록 샴푸를 혼합 (샴푸블리치)
- 기염모에 도포
- 5~20분 가벼운 마사지

닦아내기 (Deep Cleaning)

지우기 방법과 마찬가지로 현재 모발의 색과 일치성이 없거나 기존 색소를 제거할 때 쓰이지만, 약 1~3단계 레벨 업 효과를 볼 수 있다는 것이 특징이다. 자연색소를 밝게 하는 것은 쉽지만, 인공색소에 의해 어두워진 모발을 밝게 하기는 까다롭게 때문에 닦아내기 방법을 미리 시술한다. 닦아내기 방법을 시술한 후 원하는 색상으로 염색한다.

시술방법

- **파우더블리치제 : 산화제(1:2)**로 혼합하여 사용 (기본 블리치)
- 기염모에 도포 : 얇은 파팅으로 신속하게 도포 (희망색상 블리치 레벨이 나올때까지)
- 샴푸

3) 컬러체인지

기염부와 희망색의 일치성이 없는 경우 탈염의 과정을 거쳐 새로운 색상으로 컬러체인지 한다.

방법

① 고객이 희망하는 색상을 파악한다.
② 일치성 여부를 확인한다.
③ 일치성이 없다면 탈염을 하여 기여색소를 확인한 다음 부족한 색소를 보충하여 희망색으로 컬러체인지한다.

실습

Step 1.

컬러스와치 Light 2개, 반영구 염모제 준비.

- 1개는 Orange 산성컬러 도포, 다른 1개는 Violet 산성컬러 도포
- 30분 방치 후 헹굼.

Step 2.

- Orange를 Violet으로 컬러체인지.
- Violet을 Orange로 컬러체인지.

key ward

탈염이란?

모발 내 인공색소를 제거하는 것.

4) 보색중화

원치 않은 색의 보색을 찾아 내츄럴로 컬러체인지하는 방법.

방법

① 원하지 않는 색상의 보색을 찾는다.

② 색의 강도를 파악한다.

색의 강도

B → R → OR → Y

- **푸른색소** : 침투 느림 / 탈염 빠름
- **붉은색소** : 침투 빠름 / 탈염 느림

2) 영구염모제를 이용한 보색중화

레드컬러를 한 고객이 같은 명도의 브라운 컬러를 희망할 경우 고객이 원하는 브라운과 보색을 이용하여 시술한다.

실습

컬러스와치 Light 3개, 영구 염모제 준비

Step 1.

- 컬러스와치 Light에 8레벨의 레드를 도포 후 30분 방치
- 샴푸 후 건조

Step 2.

준비된 모발에 다음의 방법을 이용하여 보색중화 할 수 있다.

A. 믹싱:

고객이 원하는 브라운과 보색을 이용하는 방법

1제 (8레벨의 브라운 + 8레벨의 매트) + 6% H_2O_2 ⇨ **1 : 1 혼합 도포**

B. 프리피그먼테이션

보색을 선착 후 고객이 원하는 브라운을 이용하는 방법

- 1차 (15분) - 1제(보색) + 3% H_2O_2+ 물 ⇨ **2 : 1 : 1 혼합 도포**
- 2차 (20분) - 1제(8레벨의 브라운) + 6% H_2O_2 ⇨ **1 : 1 혼합 도포**

C. 단독사용

보색만 단독으로 사용하는 방법

8레벨의 레드의 보색인 매트계열의 염모제 + 6% H_2O_2 도포 ⇨ **1 : 1 혼합 도포**

Note

5 탈색의 시술

학습목표

탈색의 방법을 이해하고 목적에 맞는 탈색을 시술할 수 있다.

탈색은 파우더블리치제와 산화제를 혼합하여 시술하며 탈색 단독 사용 또는 모발의 명도를 높이기 위해 반영구 염모제나 영구 염모제 시술 전처리로도 활용할 수 있다.

탈색과 탈염의 구분

- **탈색** : 자연모발의 멜라닌 색소를 제거함.
- **탈염** : 모발 내 인공색소를 제거함.

1. 탈색의 방법

1) 기본 블리치

강한 파워로 단시간에 최대효과를 볼 수 있으며 파우더블리치와 산화제를 1:2비율로 사용한다.

2) 응용 블리치

블랙 색상을 체인지하거나 염색 전 명도 조절시 활용한다.

파우더블리치, 6% 산화제와 물을 1:2:2로 혼합한 후 발림성을 좋게 하기 위해 샴푸를 약간 섞어 사용한다(샴푸블리치).

경우에 따라 강한 탈색력이 불필요할 시는 파우더블리치와 6% 산화제를 1:6정도의 비율로 혼합하여 사용한다.

2. 탈색의 기술

탈색은 산화제의 농도와 산화제의 비율, 방치 시간에 따라 그 결과가 달라진다.

실습 1

기본 블리치를 이용한 시간에 따른 블리치 10단계

실습 2

산화제 농도에 따른 탈색 정도 실습

6 흰머리 염색 시술

학습목표

1. 흰머리의 발생요인에 대해 안다.
2. 고객의 니즈를 충족시키면서 다양한 방법으로 흰머리 염색을 할 수 있다.

현대사회는 의학기술의 발달과 생활보건의 개선으로 인해 평균수명의 증가와 함께 고령인구가 늘고 있다.

실버산업의 발달로 노년기에 접어들어도 젊고 건강한 이미지를 위해 많은 노력과 투자를 하게 되는데, 간혹 젊은 층에서도 흰머리가 일찍부터 자라나 사회생활에 더 나은 이미지를 보여주기 위한 수단으로 염색을 하는 경우가 있다.

흰머리의 염색의 내용을 통해 보다 멋스럽고 다양한 염색 방법을 알아보도록 한다.

1. 흰머리의 발생요인

- **노화**
- **유전**
- **병적요인**
- **심한 스트레스**
- **불규칙한 식생활 등**

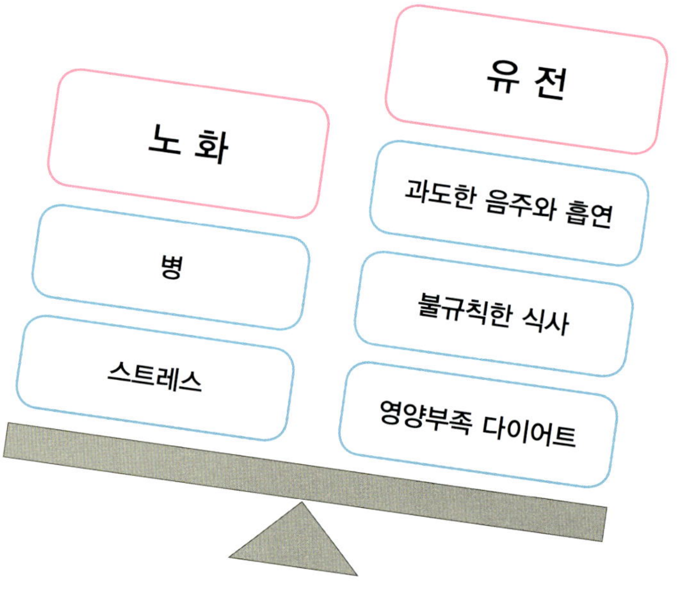

2. 산화염모제를 이용한 흰머리 염색의 방법

● **작용시간 :** 자연방치 40분
발수성 모발의 경우 열처리 10분 후 자연방치 20~30분

● **주의사항 :**
• 흰머리가 많은 부분부터 도포
• 약제를 모발에 얹는다는 느낌으로 브러시 각도를 조절하여 도포
• 모질이 굵거나 흰머리가 많은 경우 방치시간을 길게 조절

● **레벨 스케일 사용 :** 레벨스케일을 사용하여 흰머리의 퍼센트를 확인한다.

1) 기본염색

흰머리 %가 높을 때, 흰머리를 100% 커버하고자 할 때 하는 방법으로 무채색(Neutral)계열로 염색한다(5/0, 3/0).

2) 패션염색

커버와 반사빛을 동시에 연출하는 방법으로 무채색계열과 패션계열을 혼합하여 염색한다. 단 흰머리 양이 70%가 넘어가면 반사빛이 잘 보이지 않으므로 주의한다.
(무채색 5/0 + 패션계열)

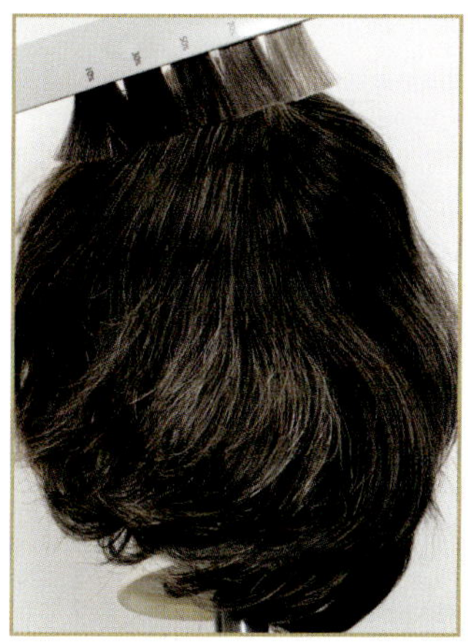

실습 2

흰머리 커버와 퇴색된 기염부 연결

[W사 제품의 경우]

● 흰머리 40%고객이 6레벨의 브라운을 원하면?

5/0(40%)+8/7(60%)=6/07 ⇨ 6/7

1. 퇴색이 적은 경우

① 신생부 :
6/7 도포, 35분 방치 후
물스프레이

② 기염부 :
큰 빗으로 빗어서 연결 후
5~10분 방치

2. 퇴색이 많은 경우

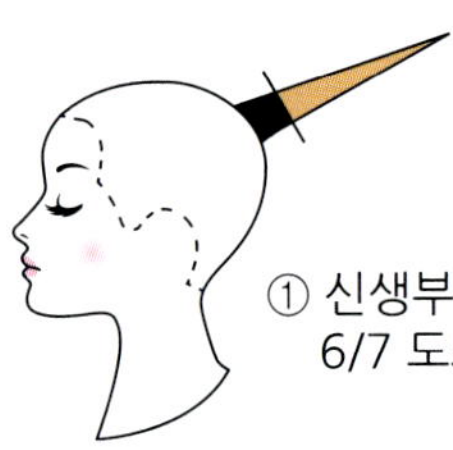

① 신생부
6/7 도포 후 20분 방치

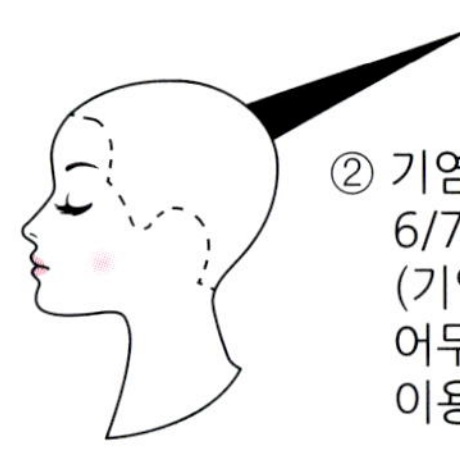

② 기염부 :
6/7 또는 8/7 도포 후 20분 방치
(기염부의 검은 기여색소로 인해
어두워질 수 있으므로 8/7을
이용해도 좋다.)

Note

실습 3

어두운 기염부를 밝게 희망하는 경우

[W사 제품의 경우]

● 흰머리 40%고객이 6레벨의 브라운을 원하면?

5/0(40%)+8/7(60%)=6/07 ⇨ 6/7

1. 염모제로 명도조절이 가능한 경우

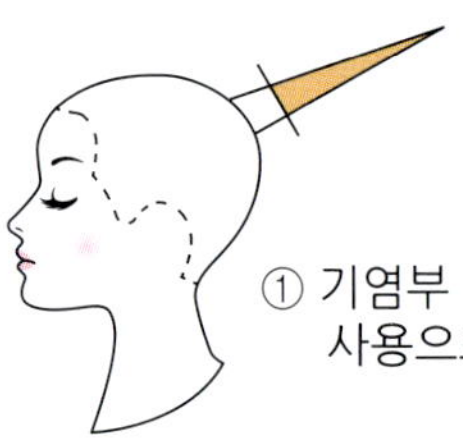

① 기염부 라이트너+6% H_2O_2
사용으로 1~2레벨 정도 밝게

② 중간샴푸

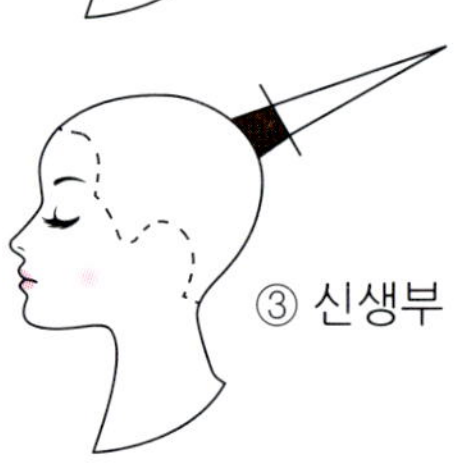

③ 신생부 6/7로 염색

④ 기염부 상황에 따른 염모제 도포
(10분 이내로 종료시킴)

2. 염모제로 명도조절이 어려운 경우

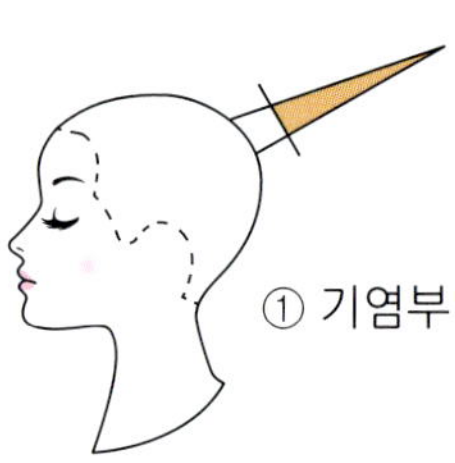

① 기염부 샴푸블리치 도포

② 중간샴푸

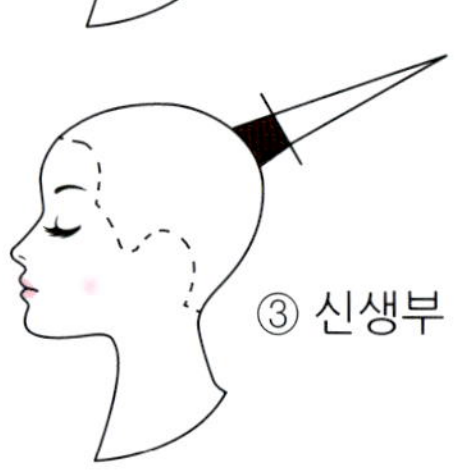

③ 신생부 6/7로 염색

④ 기염부 상황에 따른 염모제 도포
(10분 이내로 종료시킴)

Note

V. 컬러디자인 이론과 실습

1 컬러 디자인

학습목표

호일워크를 통한 컬러디자인의 효과를 설명할 수 있다.

헤어컬러는 헤어디자인의 필수적인 요소로 생동감과 방향감에 대한 착시를 일으키게 하여 시선을 특정한 부분에 집중시키게 하며, 착시효과로 인해 형태는 그대로이지만 부피가 커 보이거나 작아 보이는 느낌을 갖게 한다. 디자인의 기본 요소에는 점, 선, 방향 등이 있는데, 컬러 디자인에서는 다음의 의미로 해석할 수 있다.

- **점 :** 위빙
- **선 :** 슬라이싱
- **면 :** 섹션컬러

점, 선, 면을 이용한 헤어디자인은 호일워크를 통해 디자인된다.

1. 호일워크 특징

호일을 이용하여 두가지 이상의 색으로 모발에 율동감과 입체감을 부여한다. 이는 모발의 색상, 명도, 채도 뿐 아니라 색과 색 사이에서 생기는 톤온톤과 톤인톤의 입체감과 율동감까지 표현할 수 있다.

2. 호일워크의 위치

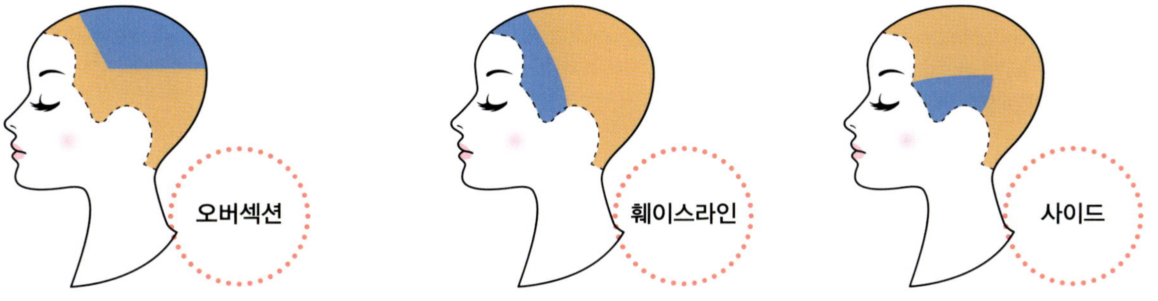

- **오버섹션**

  모발의 움직임이 많은 부분으로 율동감과 입체감 연출, 명도가 높은 컬러를 하면 볼륨을 줄 수 있다.

- **훼이스 라인**

  얼굴주변에 다른 컬러가 들어가면 움직임에 따라 모발의 흐름, 가벼움, 무거움 등을 표현할 수 있다.

- **사이드**

  얼굴주변의 표정과 사이드의 모발흐름에 관여하여 율동감, 입체감을 줄 수 있다.

3. 호일워크 기법

2 컬러 디자인 법칙

학습목표

컬러디자인의 법칙을 알고 설명할 수 있다.

형태의 특징을 더 살려주기 위해 컬러의 반복, 교대, 대조, 진행 등의 기법이 이용된다. 밝은 색과 어두운 색을 형태 내 어느 부위에 적용할 것인지, 어떤 디자인을 이용할 것인지 결정하고 시술에 들어간다.

● **반복** ***Repetition***

모발전체가 같은 색상으로 염색되어 있는 상태

● **대조** ***Contrast***

서로 상반된 요소들이 흥미있는 디자인을
연출하는 것으로 3레벨 이상의 차이가 나는 상태

● **교대** *Alternation*

둘 또는 그 이상의 요소들이 규칙적,
연속적으로 반복된 상태

● **진행** *Progression*

색의 명도나 색상이 점진적으로 변화되어가는 상태

● **조화** *Harmony*

비슷한 명도나 색상을어울리게 디자인한 상태

3 컬러 응용실습

학습목표

헤어컬러의 다양한 응용법을 알고 시술할 수 있다.

1. 컬러의 반복

1) 버진헤어에서 어두운 컬러를 희망하는 고객에게 시술

key ward
버진헤어 *Virgin hair*
화학시술을 받지 않은 모발

- **파팅 :** 사이드–후대각 / 백–수평
- **파팅간격 :** 1cm
- **테크닉 :** 모근부터 모발끝까지 한번에 도포
- **처방 :** 영구 염모제

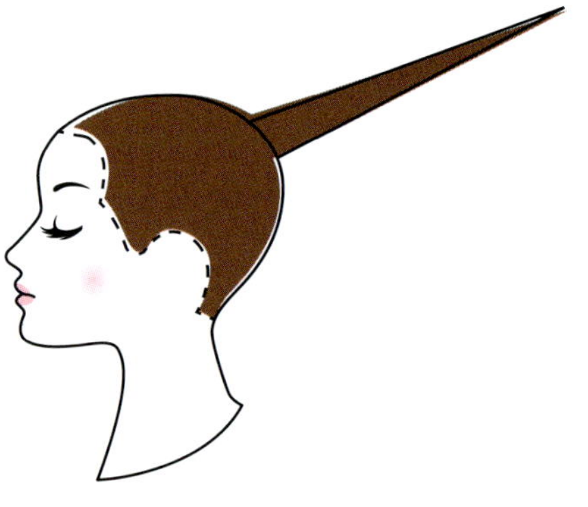

2) 흰머리 리터치

key ward
신생모
염색 후 새롭게 자라는 모발

- **파팅 :** 사이드–후대각 / 백–수평
- **파팅간격 :** 1cm
- **테크닉 :** 베이스 도포
- **처방 :** 영구 염모제

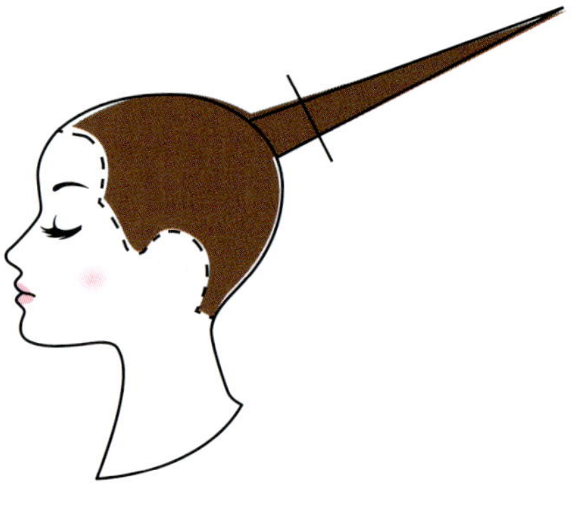

2. 컬러의 교대

컬러의 교대를 위해 위빙 또는 슬라이싱으로 파팅을 나눠 시각적인 질감을 주려고 하는 고객에게 시술한다. 하이라이트와 로우라이트로 질감을 더할 수 있다.

key ward

기법별 분류

- **위빙** *Weaving*
  염모제나 탈색제 등으로 처리될 모발을 분리해 놓는 기법. 착시효과를 이용하여 율동감있는 질감으로 표현하는 방법으로 직선으로 파팅을 나누고 파팅의 윗부분부터 위빙을 뜬다. 위빙의 굵기가 가늘수록 자연스러운 효과를 내며, 두꺼우면 거칠고 강한 느낌을 준다.

- **슬라이싱** *Slicing*
  염모제나 탈색제 등으로 처리될 모발을 직선파팅으로 분리해 놓는 기법. 직선으로 슬라이싱하여 하이라이트나 로우라이트에 해당하는 파팅을 호일로 감싸서 다른 부위에 이염되지 않도록 한다. 위빙과 마찬가지로 슬라이싱의 굵기에 따라 자연스러움과 강한 개성을 표현할 수 있다.
  슬라이싱을 할 때는 도포된 부분과 도포되지 않은 부분의 비율이 1:2가 되도록 시술하고, 크레스트 위쪽으로 갈수록 모발이 분산되므로 적은 양을 떠줘야 한다.

효과별 분류

- **하이라이트** *High light*
  형태의 확장감과 부피감을 주기 위해 베이스보다 밝은 색상으로 표현하는 것으로 컬러의 교대를 만들어 준다.

- **로우라이트** *Low light*
  형태의 깊이감과 음영을 주기 위해 베이스보다 어두운 색상으로 표현하는 것으로 컬러의 교대를 만들어 준다.

1) 위빙

- **파팅 :** 사이드–후대각 / 백–수평
- **파팅간격 :** 중간 두께 위빙
- **테크닉 :** 위빙기법, 두피에서 떨어져서 도포
- **처방 :** 파우더 블리치 또는 영구염모제

2) 슬라이싱

- **파팅 :** 사이드–후대각 / 백– 수평
- **파팅간격 :** 가는 슬라이싱 (1 : 2)
- **테크닉 :** 슬라이싱 기법, 두피에서 떨어져서 도포
- **처방 :** 영구염모제

3) **흰머리에 할 수 있는 디자인 교대(로우라이트)를 이용한 흰머리 감소**

- **파팅 :** 사이드-후대각 / 백-수평
- **파팅간격 :** 중간 두께 위빙
- **테크닉 :** 위빙기법, 두피에서 떨어져서 도포
- **처방 :** 영구염모제

3. 컬러의 진행

1) 조널섹션 *Zonal section*

크게 존을 나눠 시술하는데, 이때 섹션을 지그재그로 나누면 더욱 연결감 있는 흐름으로 완성할 수 있다

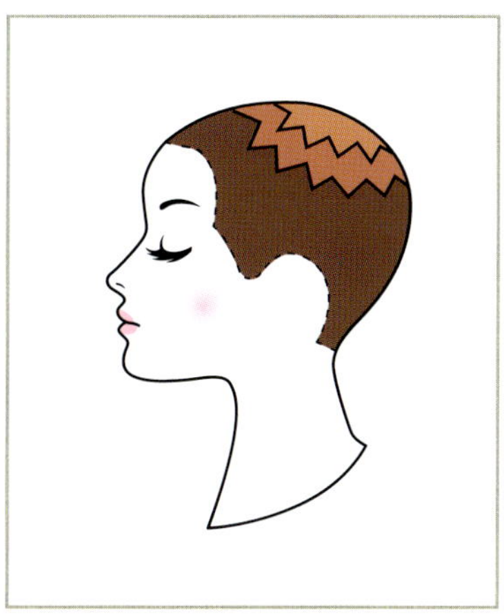

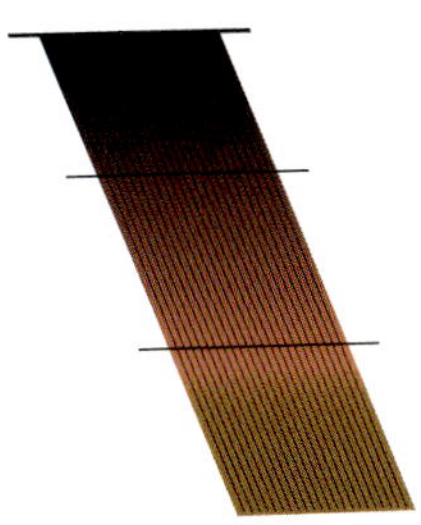

2) 스트랜드 그라데이션 *Strand gradation*

하나의 스트랜드에서 컬러의 진행을 보여주는 방법으로 모발 끝부분의 입체감을 돋보이게 하기 위해 활용한다.

Note

Note

VI. 부록

12 색상환

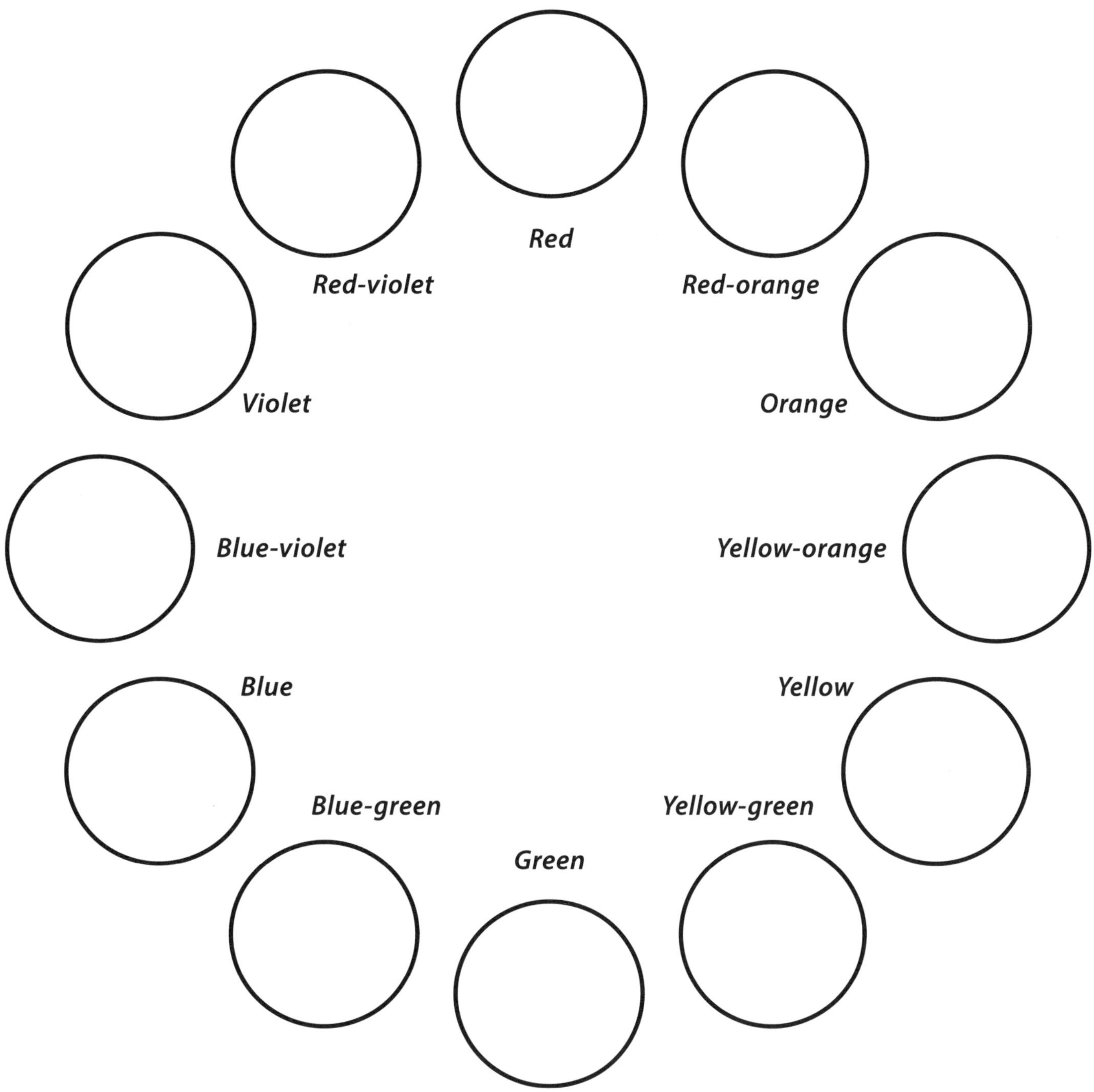
Red
Red-orange
Orange
Yellow-orange
Yellow
Yellow-green
Green
Blue-green
Blue
Blue-violet
Violet
Red-violet

12 색상환 [반영구염모제]

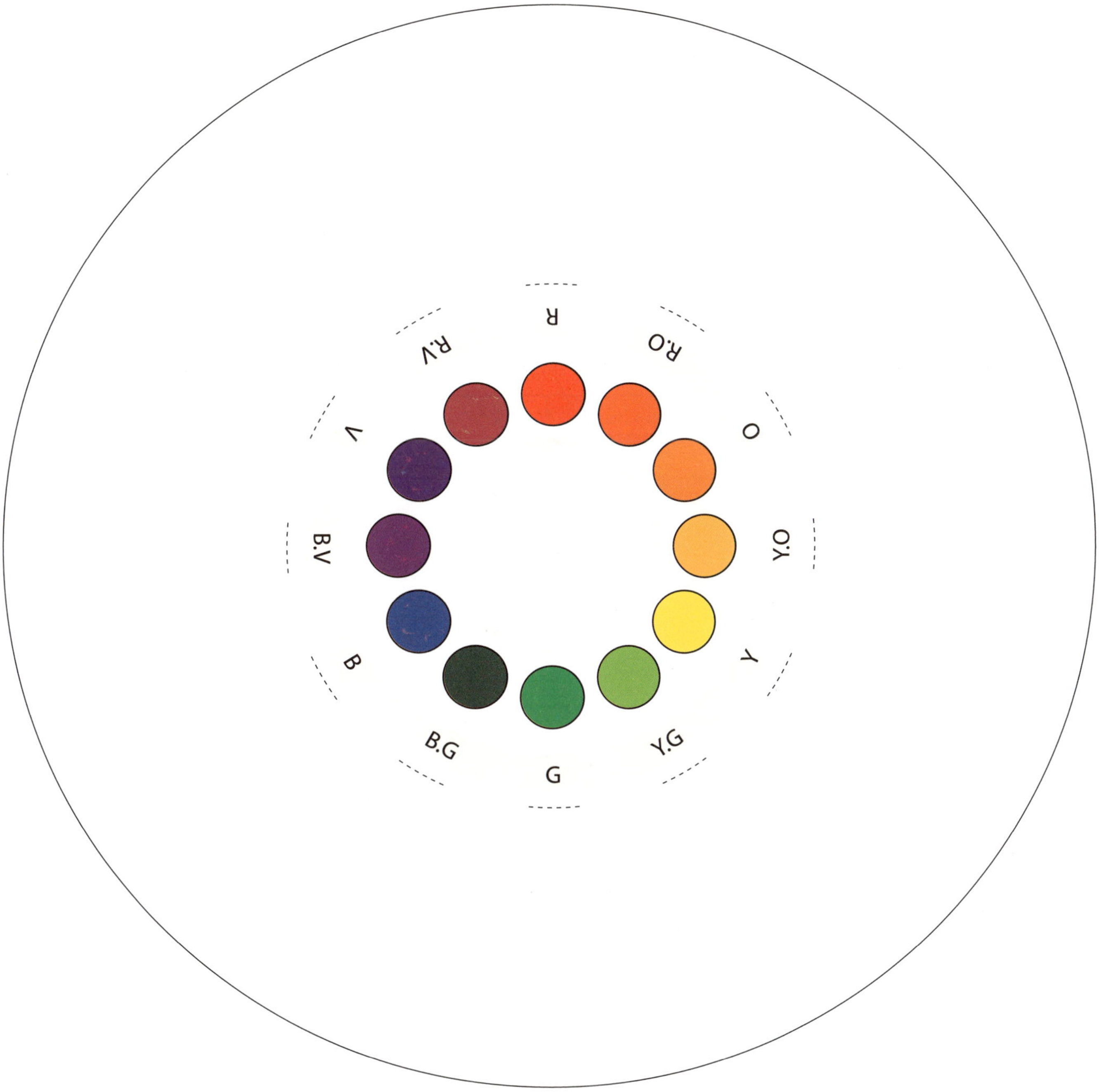

1차색과 2차색

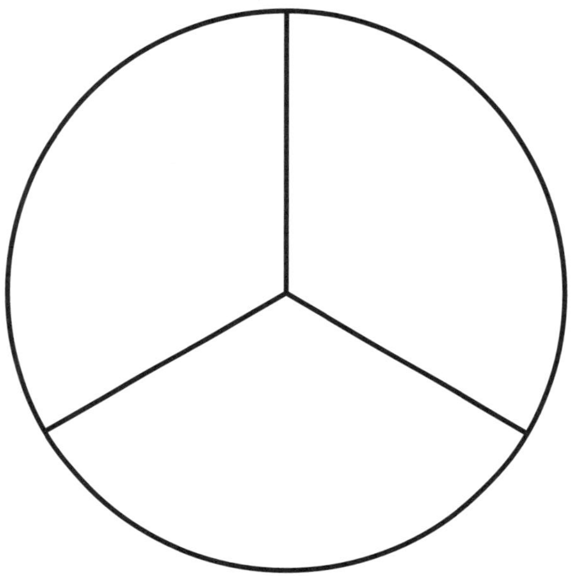

1차색

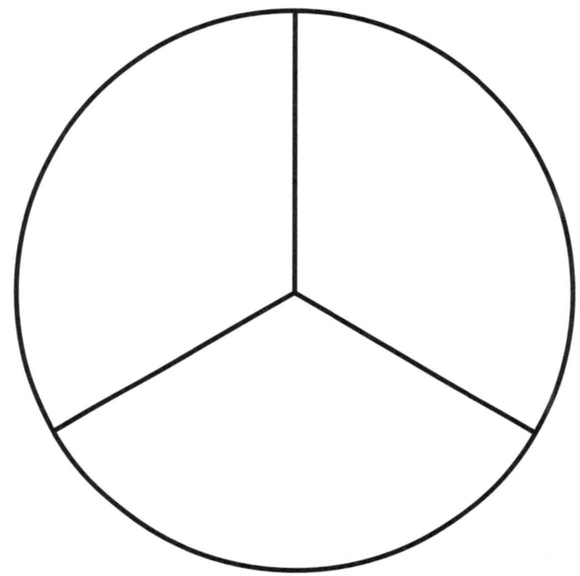

2차색

갈색 / 검정색 만들기

노랑 : 빨강 : 파랑 = 1 : 1 : 1

노랑 : 빨강 : 파랑 = 3 : 2 : 1

보색중화

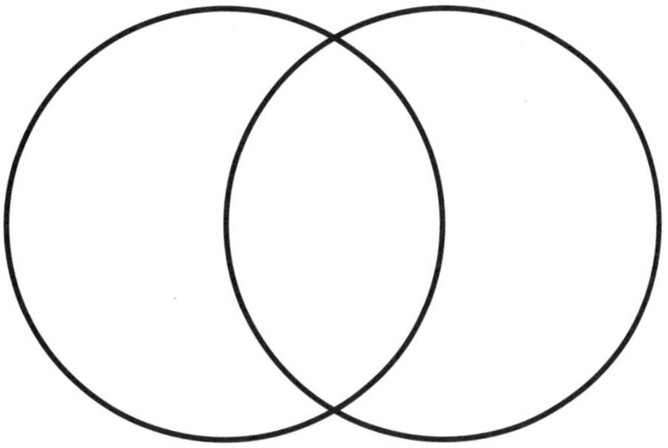

Yellow + Violet

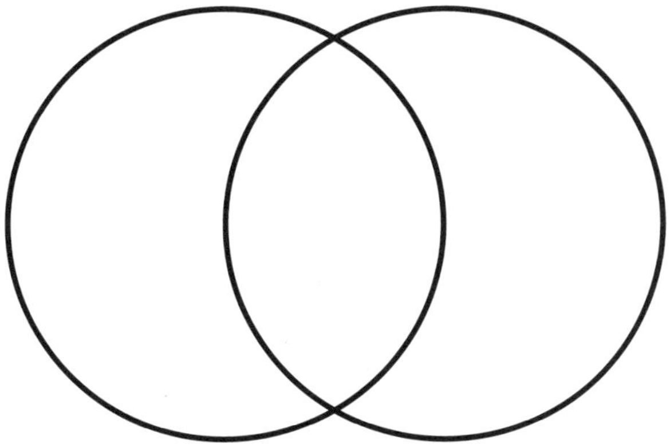

Orange + Blue

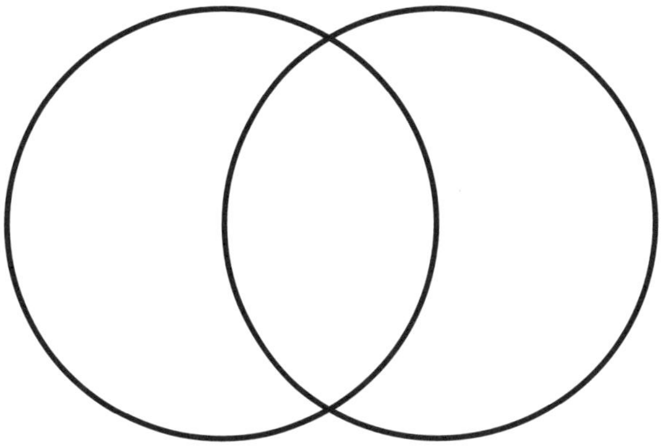

Red+Green

고객 컬러 진단서

〈고객정보〉 **담당자 :**

고객명		성　별	□남 □여	날 짜	. . .
		생년월일		연락처	

〈두피 및 모발진단〉

두피유형		건강두피	탈모두피	지성두피	민감성	비듬두피	건성두피
모발상태	현재모발상태	정상		손상		극손상	
	현재시술상태	염색모		퍼머모		버진헤어	
	길　이	L		M		S	

〈시　술〉

모발의 내츄럴베이스		고객의 희망 명도 / 색	/
신생부의 길이		염모제의 선택	
기염부의 길이		산화제 선택	3% 6% 9%
백모 분포 정도	%	방치시간	

〈테 크 닉〉

고객 컬러 진단서

〈고객정보〉 담당자 :

고객명		성 별	□남 □여	날 짜	. . .
		생년월일		연락처	

〈두피 및 모발진단〉

두피유형		건강두피	탈모두피	지성두피	민감성	비듬두피	건성두피
모발상태	현재모발상태	정상		손상		극손상	
	현재시술상태	염색모		퍼머모		버진헤어	
	길 이	L		M		S	

〈시 술〉

모발의 내츄럴베이스		고객의 희망 명도 / 색	/
신생부의 길이		염모제의 선택	
기염부의 길이		산화제 선택	3% 6% 9%
백모 분포 정도	%	방치시간	

〈테 크 닉〉

고객 컬러 진단서

〈고객정보〉 **담당자 :**

고객명		성　　별	□남 □여	날　짜	. . .
		생년월일		연락처	

〈두피 및 모발진단〉

두피유형		건강두피	탈모두피	지성두피	민감성	비듬두피	건성두피
모발상태	현재모발상태	정상		손상		극손상	
	현재시술상태	염색모		퍼머모		버진헤어	
	길　이	L		M		S	

〈시　술〉

모발의 내츄럴베이스		고객의 희망 명도 / 색	/
신생부의 길이		염모제의 선택	
기염부의 길이		산화제 선택	3% 6% 9%
백모 분포 정도	%	방치시간	

〈테 크 닉〉

고객 컬러 진단서

〈고객정보〉 담당자 :

고객명		성　　별	□남　□여	날　짜	.　.　.
		생년월일		연락처	

〈두피 및 모발진단〉

두피유형		건강두피	탈모두피	지성두피	민감성	비듬두피	건성두피
모발상태	현재모발상태	정상		손상		극손상	
	현재시술상태	염색모		퍼머모		버진헤어	
	길　이	L		M		S	

〈시　술〉

모발의 내츄럴베이스		고객의 희망 명도 / 색	/
신생부의 길이		염모제의 선택	
기염부의 길이		산화제 선택	3%　6%　9%
백모 분포 정도	%	방치시간	

〈테 크 닉〉

고객 컬러 진단서

<고객정보> 담당자 :

고객명		성 별	□남 □여	날 짜	. . .
		생년월일		연락처	

<두피 및 모발진단>

두피유형		건강두피	탈모두피	지성두피	민감성	비듬두피	건성두피
모발상태	현재모발상태	정상		손상		극손상	
	현재시술상태	염색모		퍼머모		버진헤어	
	길 이	L		M		S	

<시 술>

모발의 내츄럴베이스		고객의 희망 명도 / 색	/
신생부의 길이		염모제의 선택	
기염부의 길이		산화제 선택	3% 6% 9%
백모 분포 정도	%	방치시간	

<테 크 닉>

처 방

memo

처 방

memo

처 방

memo

처 방

memo

처 방

memo

처 방

memo

처 방

memo

처 방

memo

처 방

memo

처 방

memo

처 방

memo

처 방

memo

처 방

memo

참고문헌

- 모발 두피관리학 / 2002 / 청구문화사 / 곽형심 외
- 트리콜로지스트 레벨 Ⅲ / 2008 / 훈민사 / 한국두피모발연구학회
- 모발과학 / 2005 / 수민사 / 곽형심 외
- 미용색채학 / 2004 / 광문각 / 김용선 외
- 컬러이미지메이킹 / 2003 / 국제 / 신향선
- 컬러리스트 / 2013 / 미진사 / 김민기 외
- Color Match / 2009 / 청구문화사 / 최영진
- Hair Colorist / 2011 / 청구문화사 / 곽진만 외
- Wella Color / WELLA PASSIONATELY PROFESSIONAL.
- PIVOT POINT COLOR DESIGN / 1998 / Pivot Point International, Inc.
- 국가직무능력표준 NCS http://www.ncs.go.kr

NCS기반 헤어컬러 베이직 & 인텐시브

2016년 3월 5일 초판 인쇄
2016년 3월 10일 초판 발행
2017년 9월 1일 2판 발행
2020년 4월 20일 2판 2쇄 발행
2023년 7월 30일 2판 3쇄 발행

저자 손지연 · 박민서 · 어수연 · 이희연 · 정명호
발행인 조규백
발행처 도서출판 구민사
(07293) 서울특별시 영등포구 문래북로 116, 604호(문래동3가 46, 트리플렉스)

전화 (02) 701-7421(~2)
팩스 (02) 3273-9642
홈페이지 www.kuhminsa.co.kr

신고번호 제2012-000055호(1980년 2월 4일)
ISBN 979-11-5813-215-6[13590]

값 29,000원